歴史文化ライブラリー

534

軍港都市の一五〇年

横須賀・呉・佐世保・舞鶴

上杉和央

吉川弘文館

目　次

れんが色の街　呉と舞鶴の都市整備

軍港都市の語る歴史——プロローグ

1　軍港都市の語る歴史

近代海軍が拠点を置いたことで成立した都市を「軍港都市」と呼ぶ。日本では一九世紀後半から二〇世紀初期にかけて各地に軍港が整備され、鎮守府《ちんじゅふ》が設置されていった。鎮守府とは、所管区域の防衛、警備などを司った海軍の官庁のことである。海軍は陸軍に比べると拠点施設が限定的であり、鎮守府の置かれた都市というだけで、その個性は際立つ。しかも船舶の建造をおこなう海軍工廠《こうしょう》も設置されたため、近代的な設備による造船業が展開した工業都市という性格も合わせ持つ。

鎮守府の下位編制にあたる要港部《ようこうぶ》が設置された都市には、船舶の修理を請け負う工作部《こうさくぶ》は設置されたものの、工廠は設置されなかった。それは必然的に都市規模に差異をもたらす。軍港都市には要港部設置の都市も含みうるが、本書では、海軍と造船という二つの特徴を基盤として展開した都市であることを重視し、鎮守府・海軍工廠のセットが設置された横須賀《よこすか》（神奈川県）・呉《くれ》（広島県）・佐世保《させぼ》（長崎県）・舞鶴《まいづる》（京都府）の四都市に焦点を絞っている。

軍港都市となった場所は、いずれも江戸時代には農漁村としての性格を有していた。周辺の中心村落が存在していた場合もあるが、それでも城下町のような都市としての性格を認めるものではなかった。そうした場所が都市と呼ばれるまでに成長するに至ったのは、まさに海軍と造船業の設置によって多数の人が誘引されたからであり、また道路や施設といった都市インフラ、交通インフラの整備が近代的な規準のもとで計画的に進められたからである。

このように、軍港都市は、典型的な近代都市であり計画都市であるという特徴も有している。これは既存都市ないしその隣接地に拠点を整備していった陸軍とは大きな違いだろう。陸軍拠点の置かれた軍都は、江戸時代以前の都市の特徴に陸軍の要素が積み重なることを特徴とする。これに対して軍港都市は、（前史としての村落は重要だが）海軍が起点となって都市史が編まれるのである。

軍港都市は各地の地域史として古くから研究されてきたものの、軍港都市という位置づけを明確にしたうえで研究されるようになったのは、それほど古いことではない。海軍そのものの研究が膨大に蓄積されているのに比べると、都市史としての軍港都市研究では、今なお明らかになっていない点が多い。もちろん、そうした点は軍都研究についても当てはまる。

ただし、地域のなかの軍隊の位置づけといった視点からの研究が進むにつれ、次第に軍都や軍港都市に関する研究も蓄積されるようになってきた。二〇一〇年代以降になると、「軍港都市史」や「地域と軍隊」に関するシリーズ本も刊行されるようになった。本書もまた、こうした流れの末端に位置づけられるだろう。

本書は、軍港都市の個性をいくつかの側面に分けて描くことを目的としている。とりわけ、どのような都市が形成されたのか、どのような人びとが集まったのか、そしてどのような町として表現されたのか、という三つの視点を意識した軍港都市史である。もちろん、この三つの視点で軍港都市のすべてを描き出せるとは考えておらず、あくまでも個性の一端を理解できるにすぎないことは自覚している。ただ、少なくともこの三つの視点は他の都市一般を見る際に適用できる視点でもあり、またそこまで特別な見方でもない。特殊な見方で眺めて軍港都市には個性があると述べたところで、その個性に面白さはないだろう。軍港都市らしさに迫ろうとすればするほど、都市全般に通じる視点を採用する方がよいのではないか、というのが本書のスタンスである。

また、軍港都市史が議論されるとき、一般的には日本に近代的な海軍が設置されていた時代に焦点が絞られることが多い。しかし、本書では昭和二〇年（一九四五）の海軍解体以降も視野に入れて構成している（最終章では平成期までを見通す）。昭和二九年（一九五四）に設置された海上自衛隊が戦前の海軍と一線を画した位置づけにあることは言うまでもないが、海軍の整備した軍港（一部）が自衛隊に引き継がれるなど、空間的な利用については連続する側面が多いこともまた事実である。海軍工廠が戦後に造船所などに引き継がれたことを含め、都市の基盤が港湾部の施設にあるといった点もまた連続性を持つ。断絶するが連続している点こそが軍港都市史を理解する鍵となるかもしれない。そこで後半のいくつかの章では、断絶と連続を意識しつつ、戦後の軍港都市が戦前とどのような距離感で歩んできたか、という側面をいくつかの事例でとらえることにした。

意識的に深く議論しなかった点もある。それは海軍や工廠の内実に関する点である。ひとえに筆者の理解不足に起因するのだが、海軍については重厚な研究史があり、そうした先行研究にゆだねることにしたい。本書の関心は海軍ではなく都市にあるのであって、軍事史ではなく都市史にある。港湾部というよりも市街地部に視点をおいて都市を描くことに重点を置いている。

本書は歴史の流れを意識して、可能な限り時代順になるように各章を配置している。ただ、取り上げる都市がそれぞれ違うこともあり、章ごとで若干の時代の重複がある。また、軍港都市それぞれの特徴を描き出そうとしているが、共通する点についてもいくつか言及している。そのため、一部で論点が重複する場合もある。こうした点について、ご了承いただければ幸いである。

では、まずは軍港都市の成立からとらえていくことにしよう。

軍港都市の成立

軍港都市という位置づけ

近代都市と海

現在まで続く五年に一度の国勢調査は、大正九年（一九二〇）が嚆矢となる。明治維新と呼ばれる政治的転換からおよそ五〇年、近代化の波が全国各地に広まり、定着した頃である。表1は、第一回国勢調査による都市人口数のうち、上位三〇位を示したものだが、城下町が大規模都市の多数を占めていた江戸時代とは明らかに異なる様相をみて取ることができるだろう。そして、その中には本書の主題となる軍港都市のうち、後発の舞鶴《まいづる》（新舞鶴町）を除く三市も確認できる。

少し詳しくみておくと、表1において、第一位の東京市は他を寄せつけない圧倒的な人口数であり、第二位の大阪市も東京市を除くとやはり他とは一線を画す大都市であった。東京（江戸）・大阪（大坂）に京都を加えたのが江戸時代の三都だが、明治期に入って京都

表1　大正9年（1920）段階の人口上位都市

順位	都市名	人　口	順位	都市名	人　口
1	東京市	2,173,201	16	*八幡市	100,235
2	大阪市	1,252,983	17	福岡市	95,381
3	*神戸市	608,644	18	岡山市	94,585
4	京都市	591,323	19	*新潟市	92,130
5	名古屋市	422,938	20	***横須賀市**	**89,879**
6	*横浜市	422,938	21	***佐世保市**	**87,022**
7	長崎市	176,534	22	堺市	84,999
8	広島市	160,510	23	和歌山市	83,500
9	函館区	144,749	24	*渋谷町	80,799
10	***呉市**	**130,362**	25	静岡市	74,093
11	金沢市	129,265	26	下関市	72,300
12	仙台市	118,984	27	*門司市	72,111
13	*小樽区	108,113	28	熊本市	70,388
14	鹿児島市	103,180	29	徳島市	68,457
15	*札幌区	102,580	30	豊橋市	65,163

城下町（含奉行所所在地）に由来しない新興都市に「*」を付している．
ゴシック体の都市は軍港都市，下線のある都市は大正9年時点の軍都（師団駐屯地）である．
大正9年国勢調査より作成．

市は他の二都市と同じスピードで人口増加を果たすことができなかった。その理由として、まずは東京奠都《てんと》による政治的、経済的な没落があげられるが、京都市の地理的な位置もいくばくかの影響を及ぼした。というのも、京都市は近代の都市発達を支える重要な要素であった「海」から遠かったのである。

表1で印を付した、江戸時代の行政中心地である城下町（奉《ぶ》行所《ぎょうしょ》所在地を含む）に由来していない新興都市に注目してみよう。北海道開拓の中心となった札幌区（現・札幌市）と東京近

郊の陸上交通の要衝となった渋谷町（現・渋谷区）以外は、すべて港湾を備えた都市である。そして、そのなかには安政五年（一八五八）にアメリカ、オランダ、ロシア、イギリス、フランスとそれぞれ結んだ修好通商条約《しゅうこうつうしょうじょうやく》のなかで開港場と決められた神戸、横浜、新潟の三つが含まれている。江戸時代に奉行所が置かれていた函館と長崎を含め、開港場はその後、貿易港として発達していった。なかでも神戸と横浜の人口増大はすさまじく、大正九年段階で神戸は東京・大阪に次ぐ全国第三位の人口を抱え、横浜も第六位となっていた。それ以外でも、小樽《おたる》区（現・小樽市）は札幌の外港として発達した都市で、当時は札幌よりも人口が多くなっている。門司《もじ》市は日清戦争を契機に対岸の下関《しものせき》市と共に要衝に位置する港湾都市として急成長を遂げた都市である。

これらの都市が貿易・流通拠点として展開したのに対し、工業の発達が都市の基盤となっている場所もある。よく知られているのは、日清戦争後に敷設された官営製鉄所を中心に展開した福岡県の八幡《やはた》市（一九六三年に合併により北九州市）だろうか。ただ八幡市もまた鉄鋼の原料となる鉄鉱石などを調達するのに都合の良い港湾に開かれた都市であった。「海」が都市発達に重要となった理由として、こうした原材料や燃料、そして製品の輸送の利便性が陸上交通に比べて圧倒的に有利だった点をあげないわけにはいかない。鉄道網の整備のなかで内陸部への展開がみられるのは間違いないが、「重厚長大」を指向する工業の展開はやはり海浜部が多い。

軍港都市には、近代的な設備をともなった造船業を主とする工業施設である海軍工廠《こうしょう》が敷設された。船舶それ自体が「海」を必要とするのは言わずもがなだが、船舶は重厚長大な工業製品の典型であり、材木や鉄鋼、石炭その他多くの原材料と燃料、そして大量の労働者（職工《しょっこう》）を必要とする。こうした工業立地の側面をとらえてみても、軍港都市は近代に急激な成長を遂げた新興都市の典型例としての特徴を備ええている。

もちろん、そうした造船業のみが軍港都市の特徴ではない。工業都市ではなく軍港都市と呼ぶことこそ、これらの都市の最大の特徴である。

軍隊の置かれた都市

近代日本は、陸軍と海軍の二つの軍隊組織を整備した。陸軍は当初、六か所の鎮台《ちんだい》を全国に配置し、その後は師団《しだん》へと改編するとともに、旅団《りょだん》以下の駐屯地（衛戍《えいじゅ》地《ち》）を全国に整備していった。先に挙げた表1では師団駐屯地に下線を付したが、いずれも新興都市を示す印はついておらず、既存の都市内もしくは隣接地に駐屯地が設定されたことがわかる。人口規模が上位にこない師団駐屯地も、多くは城下町やその近郊に設定されている。大正九年（一九二〇）時点で設置されていた師団駐屯地のなかで城下町に由来する都市で編制されていないのは、第七師団の置かれた旭川《あさひかわ》（北海道）と、第一一師団の善通寺《ぜんつうじ》（香川県）だけである。ただし、善通寺町（現・善通寺市）は空海の生誕地としても知られる善通寺の門前町《もんぜんまち》として発展していた都市であり、師団設置とともに都市が新たに作られたわけではない。旭川町（現・旭川市）は屯田兵《とんでんへい》の入植の中心地として展開した町で、新たに都市が生み出された場所ではある。そのため、近代に出発点をもつ軍都として位置づけられるかもしれないが、それでも陸軍そのものの設置が契機となっているわけではない。

基本的に既存市街地を指向して駐屯地が決められた陸軍に対して、海軍はまったく異なる方針をとった。国内で言えば、海軍は横須賀《よこすか》・呉《くれ》・佐世保《させぼ》・舞鶴の四か所に軍港を設置し、青森県の大湊《おおみなと》（現・むつ市）や長崎県対馬《つしま》の竹敷《たけしき》（現・美津島《みつしま》町）には軍港よりも下位にあたる要港を設置した。いずれも江戸時代までは都市が形成されていなかった場所である。軍港には鎮守府《ちんじゅふ》と海軍工廠が、要港には要港部《ようこうぶ》と工作部《こうさくぶ》が置かれ、多くの人が集住するようになった。

このように軍港都市とは、海軍の中心施設と造船施設を持ち、海軍兵と職工という二つの職種に従事する人口を特徴として、近代に新たに形成された都市である。国内の軍港都市として、広くは要港部の置かれた大湊、竹敷を含むが、本書では鎮守府の置かれた四つの都市に焦点を絞っている。それは、海軍内の位置づけという点もさることながら、都市という点でみた場合、修理を主とする工作部と、造船がなされた鎮守府工廠とでは、その規模がまったく異なっており、工廠にはきわめて多くの職工が従事していた。それが都市の規模に関わることは言うまでもない。鎮守府の置かれた軍港都市の人口規模が大きかったことは、表1にも明確に表れている。

軍港都市の起源

四つの軍港都市の起源について、簡単にみておこう。

軍港都市の端緒

横須賀・呉・佐世保・舞鶴の四つの鎮守府のうち、最初に設置されたのは横須賀であり、軍港都市のなかで唯一、成立の端緒が江戸時代末にまでに遡る。そして横須賀の場合は、鎮守府（海軍）が設置されるよりも以前、工廠の前身にあたる製鉄所・造船所が設置されたことが都市発展の契機となっている。

江戸時代末、西欧諸国との外交が始まり、軍事力、特に海軍の重要性を突きつけられていた幕府は、外国より購入した艦船の修理のみならず、自前の艦船製造を目指して、江戸湾内に造船所を作ることを決めた。『横須賀海軍船廠史《よこすかかいぐんせんしょうし》』によれば、当初は相州三浦郡《そうしゅうみうら》長浦湾《ながうら》を候補地として進められていた（図1）。ただ日本人では適任者がいないため、フ

図1　横須賀とその周辺

使用地図：50,000分1地形図「横須賀」（平成12年修正）

ランス人公使レオン・ロッシュ（当時はロセスと表記）にその任が委託された。

元治元年（一八六四）一一月にロッシュらが現地を視察した際、長浦湾には浅渚があることがわかった。一方で、この視察の際に南側に位置する横須賀湾でも水深計測や地形観測がなされたが、その結果、横須賀はフランス海軍の地中海艦隊の置かれるトゥーロンにも匹敵する良港だという評価が下された。こうして、最終的に横須賀が造船所の建設地に決まったという。

慶応元年（一八六五）九月二七日には、横須賀製鉄所の鍬入式が挙行された。都市成立の端緒としては、この慶応元年九月となるだろうか。実際、五〇年後の大正四年（一九一五）九月には、開港五〇年祝賀会が開催されている。この製鉄所が明治四年（一八七一）には横須賀造船所となり、翌年には海軍省の帰属となる。後の横須賀海軍工廠である。

造船所の設置に対して、鎮守府の設置はやや遅れる。明治新政府によって海軍省内に提《てい》督府《とくふ》が仮設置されたのは明治五年であった。当初、提督府は三浦郡大津《おおつ》村（現・横須賀市）に設置する計画で進められていたが、明治七年になってそれが取り消され、横須賀への設置、さらには横浜への設置へと動いていった。その間、提督府は鎮守府へと名称が変わり、最終的には明治九年九月に横浜に東海鎮守府が設置された。

その後、しばらく横浜に東海鎮守府、横須賀に横須賀造船所という関係が続いたが、明治一七年一二月一五日に鎮守府が横浜から横須賀に移転するとともに、その名称を横須賀鎮守府と改めることになった。ここに、海軍の中心施設と造船所という軍港都市の条件たる二つが揃ったことになる。横須賀製鉄所の設置からおよそ二〇年が経ってのことであった。

西海鎮守府の行方

明治九年（一八七六）の東海鎮守府設置の際、その管轄は和歌山県潮岬《しおのみさき》および石川県能登《のと》半島よりも東とされ、それらよりも西は西海鎮守府の管轄とされた。ただし、実際にはこの時点で西海鎮守府が設置されることはなかった。

西日本のどこに鎮守府を置くかについては、さまざまな意見があったようである。『海軍制度沿革　巻三』の鎮守府の沿革に関する項には、当初は鹿児島や長崎といった意見があったことが記される。明治一四年頃には海軍省が広島県三原《みはら》港（現・三原市）の調査をしていたようで、それに対し広島県沼隈《ぬまくま》郡長から沼隈郡草深《くさぶか》村（現・福山《ふくやま》市沼隈町）の方が適当である旨の建議書が出されており、誘致活動が展開されていたことがうかがえる。

その後も海軍省内で設置場所の検討が続けられたが、その過程で浮上してきたのが広島県の呉港であった。明治一七年には海軍卿の川村純義《かわむらすみよし》が自ら実地検分に出かけ、呉港が艦隊の停泊地としても造船所建設地としても適地であることを確認している。明治一七年と言えば、横浜から横須賀に鎮守府が移設された年であり、この時期は東西の鎮守府について、具体的な検討が進められていたことになる。そして、呉港は最終候補地として残り、明治一八年三月に呉への設置が太政大臣に具申されることになった。

しかし、結局のところ、呉に西海鎮守府が設置されることはなかった。というのも、日本を東西に大きく区分して、二つの鎮守府を設置するという構想自体が見直されることになったからである。

明治一九年の海軍条例

明治一九年（一八八六）四月二二日付けで出された海軍条例（勅令第二四号、四月二六日官報掲載）は、その後の海軍、そして軍港都市を規定する重要な条例であった。本書で特に重要なのは第六条と第七条だろう。

第六条は国内を五海軍区に分けることを規定したもので、第一海軍区から第五海軍区までの区域も明示された。図2はその区域を地図で示したものだが、後の鎮守府や要港部（大湊）の設定をみると、この区域をもとにして、各地に鎮守府が計画、設定されていったことがわかる。

第七条は次のような文言である（カナはかなに改めた）。

第七条　各海軍区の軍港に鎮守府を置き其軍区を管轄せしむ
鎮守府の名称は其所在の地名に依る

図2　明治19年（1886）海軍条例で設定された海軍区

ここに、五つの軍区ごとに軍港を置き、そこに鎮守府を設置すること、そしてその鎮守府名は地名を利用することが定められることになった。明治一七年の東海鎮守府の横須賀移転の時点で、名称を横須賀鎮守府に変えており、地名を冠した表現がすでに使用されていたことがこうした決定の背景の一つにあるのだろう。いずれにしても、陸軍の師団が第一師団、第二師団といった数字を冠して表現されるのに対し、海軍の鎮守府は第一鎮守府、第二鎮守府といった呼ばれ方がされない根拠はこの条文にある。

新たな鎮守府設置

海軍条例の施行直後の明治一九

年（一八八六）五月四日、新たに勅令《ちょくれい》が出され（勅令第三九号、五月五日官報掲載）、第二海軍区および第三海軍区の鎮守府設置場所が定められた。そこで示されたのが、安芸《あき》国安芸郡呉港（第二海軍区）と肥前《ひぜん》国東彼杵《ひがしそのぎ》郡佐世保港（第三海軍区）であった。

呉港は港の前面に芸予諸島の江田《えた》島・能見《のうみ》島・倉橋《くらはし》島などがあるために、周囲を陸地に囲まれた地勢となっている（図3）。一方の佐世保港もリアス海岸の複雑な海岸線に囲まれ、外海との接続部は狭いが内海は広いという特徴を持っていた（図4）。いずれも防禦や秘匿性に優れ、また十分な水深があり、波が安定しているといった点において、軍港の好適地であった。

呉鎮守府と佐世保鎮守府は明治二二年七月一日に開庁した。先に示した表1（九頁）の人口数は、呉・佐世保の両都市が出発して約三〇年後のものである。横須賀についても鎮守府設置を起点とすれば、それほど変わらない。わずか三〇年間に軍港都市は成長し、呉に至っては全国一〇位の人口を抱えるまでになったのである。

実際の伸び率で言えば、いずれの軍港都市も大正期には人口増加が鈍化していた。大正二年（一九一三）の各都市の現住人口は呉市で一二万八三四二人、佐世保市で九万四九一四人、横須賀市で八万五四七三人であり、この時点で大正九年に近いかむしろそれよりも多い人口を抱えている。そうなると、三〇年ではなく二〇年ほどの間での急成長だったこ

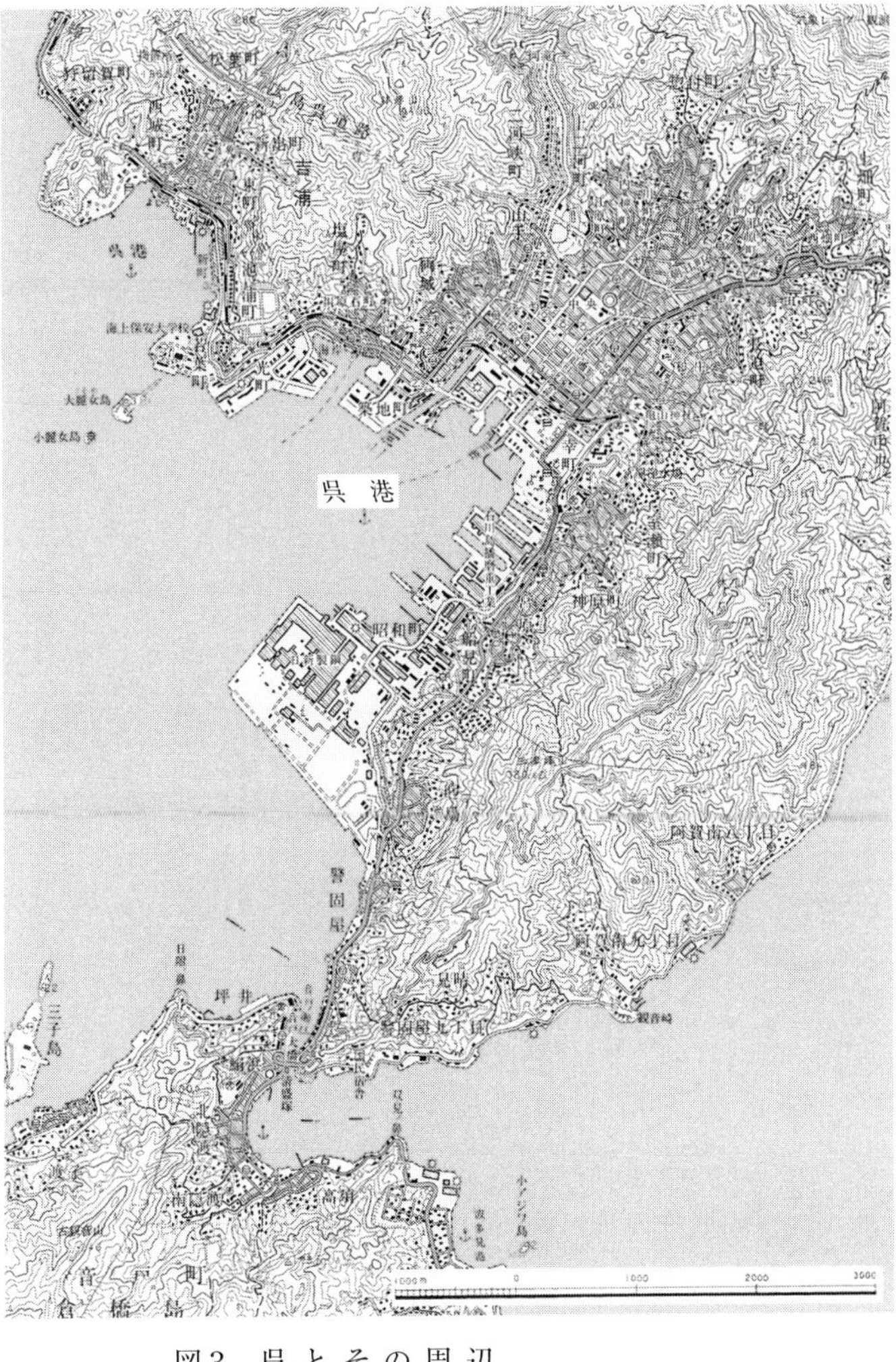

図3　呉 と そ の 周 辺

使用地図：50,000分１地形図「呉」（平成６年修正）

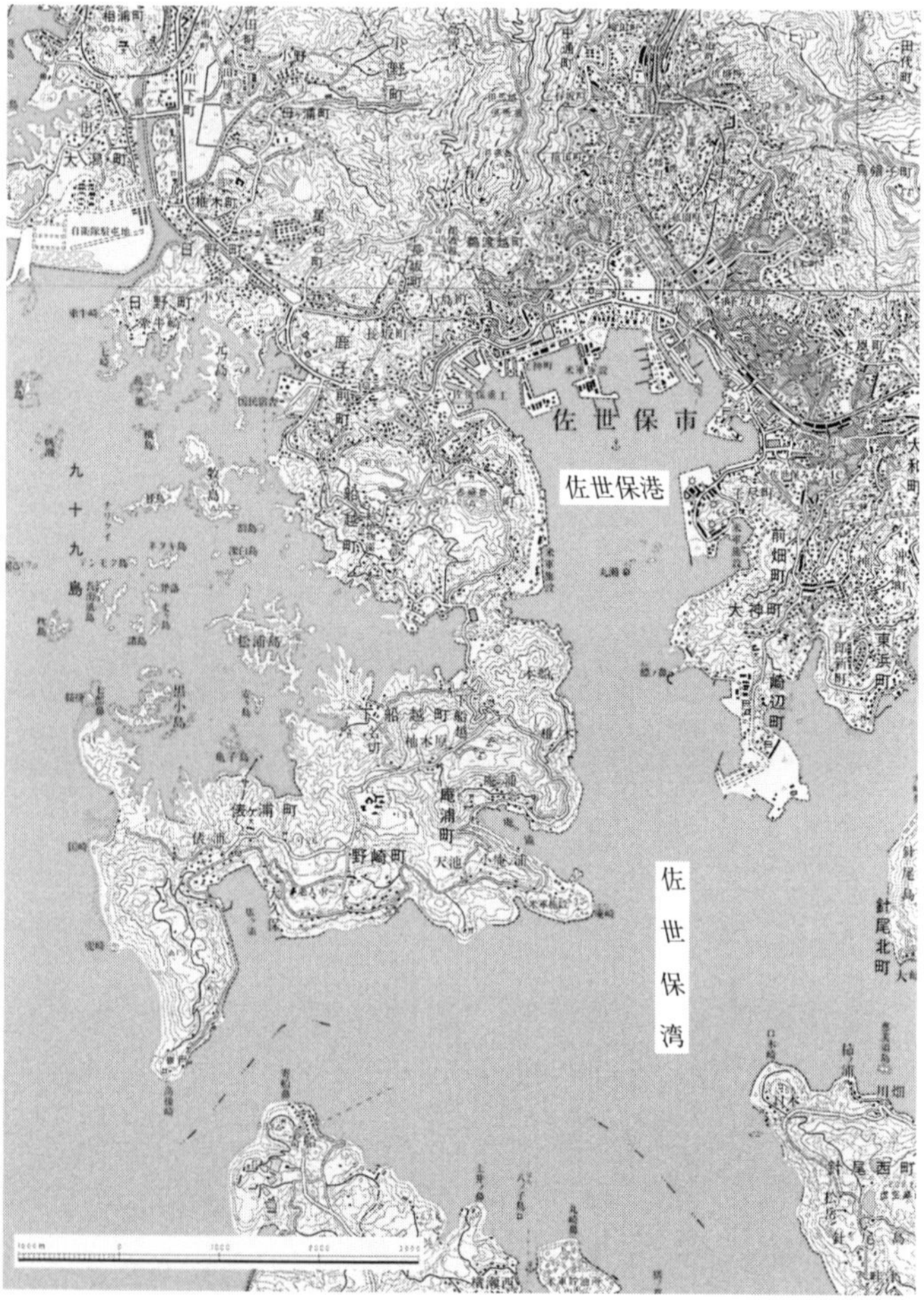

図4　佐世保とその周辺

使用地図：50,000分1地形図「佐世保」（平成6年修正）・「佐世保南部」（平成14年修正）

となる。

第四の鎮守府

明治一九年（一八八六）五月の勅令には第二・第三海軍区と同時に、第四・第五海軍区についても言及されていた。そこでは、鎮守府の位置を定めるまでは横須賀鎮守府が軍区を管轄するとされており、この時点では第四・第五海軍区の鎮守府については未定だったことがわかる。

第四海軍区の鎮守府の場所が決定したのは、呉鎮守府と佐世保鎮守府が開庁する直前、明治二二年五月二八日に定められた鎮守府条例であった（勅令第七二号、五月二九日官報掲載）。そのなかで五つの海軍区についての範囲が改めて制定され、すでに決定していた三つの鎮守府に加え、第四海軍区の鎮守府を丹後《たんご》国加佐《かさ》郡舞鶴（現・舞鶴市）に置くとされた。

一方、第五海軍区についてはこの時点でも決定することはなく、決まったのは翌明治二三年二月三日付けの勅令（第七号、二月四日告示）で、北海道の室蘭《むろらん》港（現・室蘭市）に定められた。

ただし、第四・第五海軍区の鎮守府建設は、主に二つの要因によって遅れることになる。一つは対外関係で、日本にとって当時最大の懸案が朝鮮問題などをめぐって対立する清国であったために、新たに軍港・鎮守府を設置することよりも、呉・佐世保を整備していくことに意が注がれた。もう一つは、鎮守府設置に対する反対運動である。とりわけ室蘭については貿易港としての整備を目指す住民による反対が強かったため、最終的には室蘭は軍港ではなく要港へと計画変更された。その代わりとして軍港の設置が計画されたのが大湊であった。大湊は要港に内定していたのだが、室蘭に代わって軍港へと位置づけが変更された。

明治二七年七月二五日に始まった日清戦争が翌年終了すると、下関条約で清国から償金が得られたと同時に、三国干渉を通じた対外関係の悪化によって、とりわけ対ロシア政策が喫緊の課題へと変化した。これによって明治三〇年に両港の建築整備が具体化されることになり、舞鶴は明治三四年一〇月一日に開庁することになった（図5）。

一方の大湊は結局のところ、要港として位置づけられることになり、要港部と工作部が設置された。明治三五年に要港部の前身にあたる大湊水雷団《すいらいだん》が設置され、翌三六年一二月一一日の勅令（第二六三号、一二月一二日官報掲載）によって要港部へと昇格している。

なお、この間、明治二九年には竹敷（対馬）に要港部が設置されている。要港か軍港かの違いはあれ、竹敷、舞鶴、大湊と、日清戦争以後は東北アジアやロシアを念頭においた海軍整備が大きく進んだことがわかる。

第四海軍区の鎮守府が置かれた舞鶴は、リアス海岸が卓越する若狭《わかさ》湾内に位置する。狭

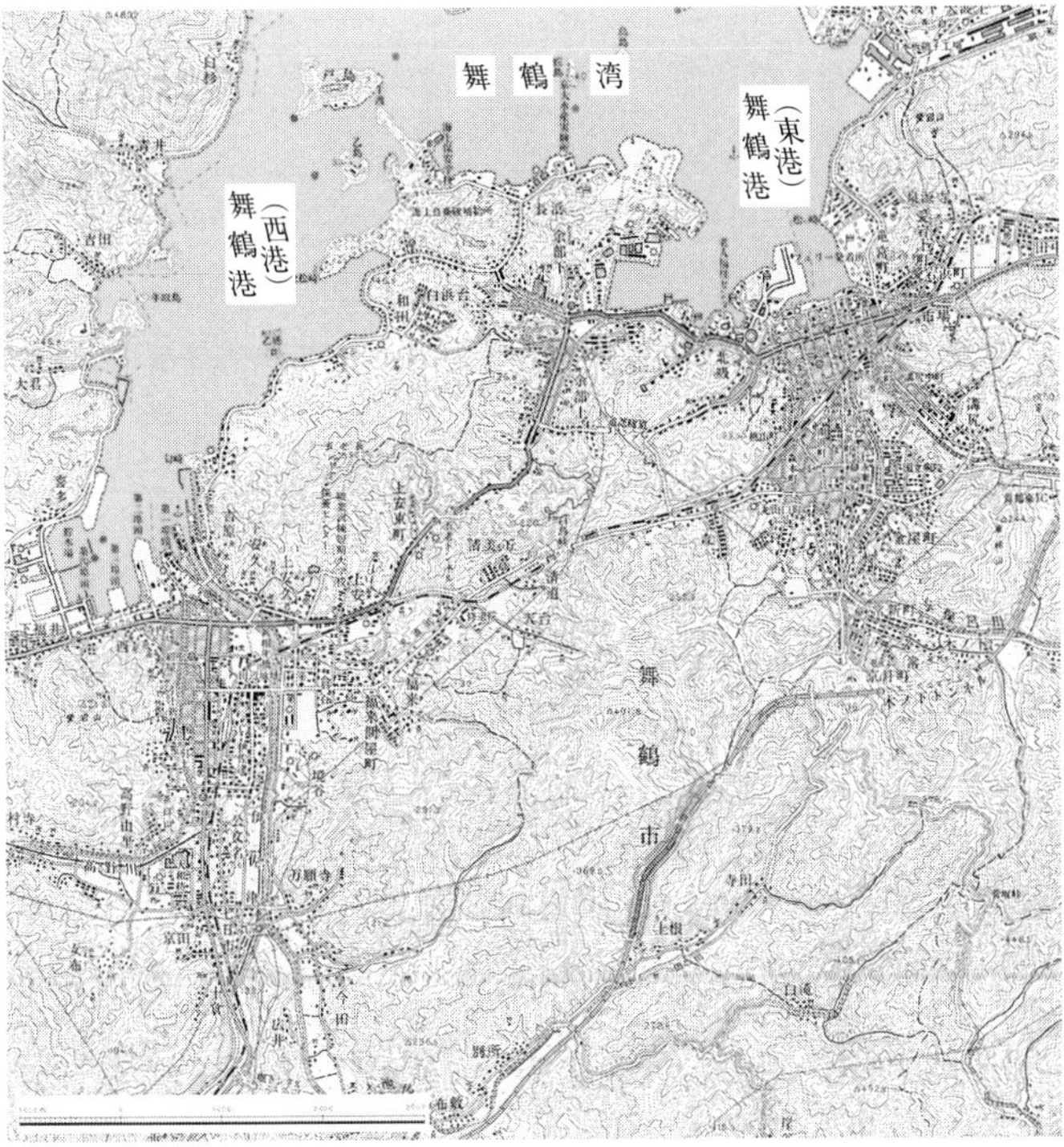

図5　舞鶴とその周辺
使用地図：50,000分1地形図「舞鶴」（平成10年要部修正）

い湾口から入ると湾奥が東西に大きくわかれているのが特徴で、西側の湾奥は江戸時代の田辺《たなべ》城下町を母体とした舞鶴町がある。軍港はこの舞鶴町側ではなく、東側の湾奥に設置され、開庁から五年後の明治三九年には新舞鶴町が誕生した。他の軍港都市と比べて設置が遅れたこともあり、表1（九頁）の主要都市の人口規模一覧に新舞鶴町は載っていない。実際、大正九年（一九二〇）の新舞鶴町の人口は一万五五〇四人で、全国規模の都市とは言えない。ただそれでも、江戸時代の城下町に由来する舞鶴町の一万三八五五人よりも人口は多く、二つの都市が拮抗するようになっていた。

軍港都市に集う人びと

このように、一九世紀後半から二〇世紀初頭にかけて、日本各地に軍港都市が誕生していった。いずれも、江戸時代には農漁村としての性格を持つ地域であったが、近代に入って急激に都市化が進み、人びとが集住していった。海軍と造船を特徴とする軍港都市には海軍兵や工廠勤務の職工が多く住むことになるが、「都市」として機能するには、それら以外の多様な職種の人びとが集うことが必要となる。そうであれば、人口という点からみて、軍港都市にはどのような特徴があり、どのような変化をみせたのだろうか。

次にみていくのはこうした点である。軍港都市のなかでも最初に設置された横須賀を事例とし、都市が生まれてからおよそ五〇年間の状況を対象としたい。

軍港都市に住まう人びと

横須賀の都市社会

人口・戸数の変化からみる横須賀の五〇年

最初の軍港都市

大正四年（一九一五）九月二七日から三日間、神奈川県横須賀《よこすか》市では開港五〇年祝賀会が開催された。前章で確認したように、五〇年前にあたる慶応元年（一八六五）九月二七日は、横須賀製鉄所の鍬入式が挙行された日であった。この製鉄所は明治四年（一八七一）に横須賀造船所となり、翌年には海軍省の帰属となる。後の横須賀海軍工廠《こうしょう》である。こうした経緯により、慶応元年九月二七日は近代横須賀の出発点となった日とされ、大正四年にその五〇周年が祝賀されたのである。

ここでは最初の軍港都市たる横須賀の黎明・発展期の姿を、都市に住まう住民という側面に焦点を絞って、いくつかの史料から探ることにしたい。対象とする時期は開港五〇年祝賀会の頃まで、明治期から大正初期にかけてである。

戸数の変遷

まずは五〇年の変化を戸数で確認することにしよう。開港五〇年祝賀会に合わせて横須賀市が編んだ『横須賀案内記』には明治元年（一八六八）、明治一二年（一八七九）、そして大正三年（一九一四）と三つの時点の戸数が記されている。大正三年時点では隣接する豊島《としま》町と合併していたので、直接これらの数値を比較することは難しく、また期間幅も随分と違う。そこで明治元年と明治一二年は『横須賀案内記』の数値を採用しつつ、両年の間隔と等間隔となる明治二三年、同三四年の横須賀町と豊島村の戸数、そして両者が合併した後の大正元年の数値をそれぞれ『新横須賀市史』に掲載された数値から抽出した（図6）。これをもとに、およそ五〇年間の戸数変化をみていこう。

明治元年時点ではわずか六四五戸であった。『横須賀案内記』の記すところによれば、横須賀村だった当時、「山間の住民は農耕を主とし、婦女子は機織に従事」する一方、「沿岸住民は悉く漁労に従事」する姿があった。江戸幕府の御用鯛をいけすで飼養していたほか、房総の銚子《ちょうし》や九十九里浜《くじゅうくりはま》といった太平洋側まで出漁しながら、魚介類を盛んに江戸に卸していたという。このように、横須賀村は江戸（東京）の食卓を支える漁業集落であった。

しかし、集落の姿は造船所の建設を契機に大きな変貌を遂げる。明治一二年段階で戸数

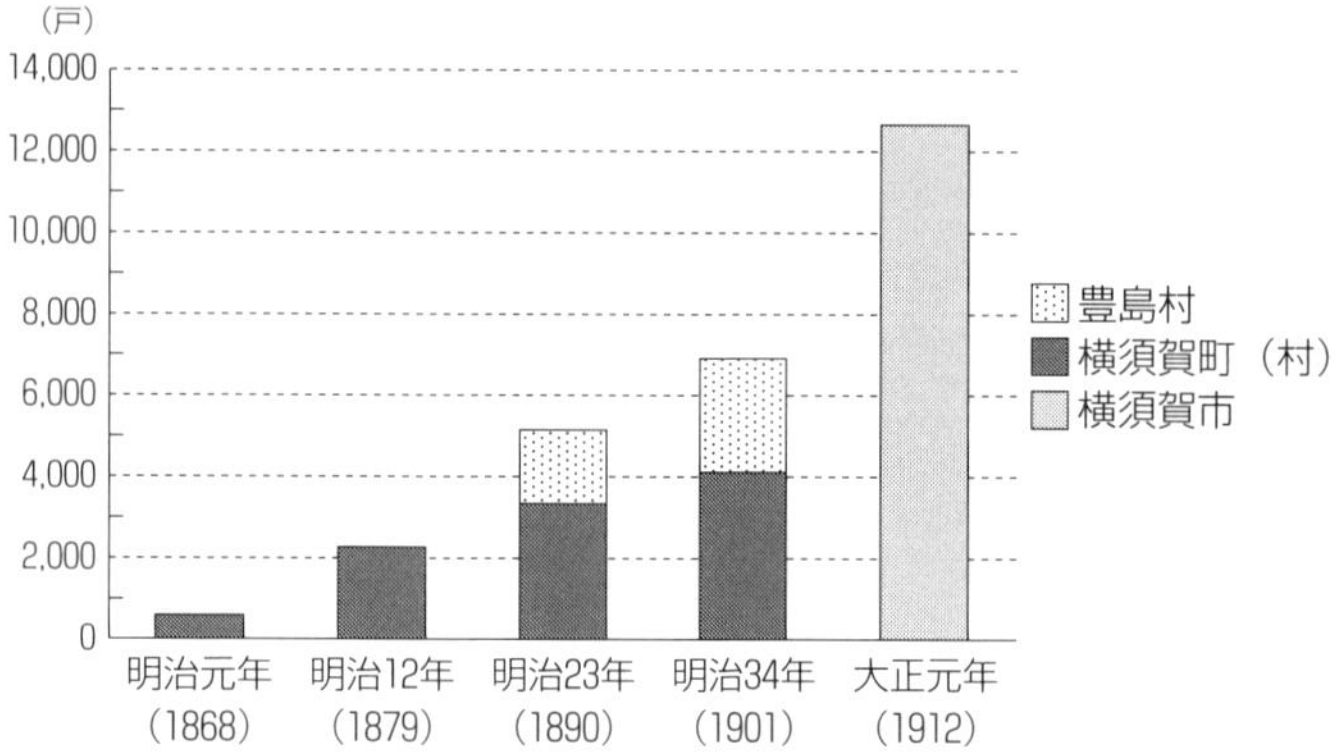

図6　横須賀の戸数変化

明治12年以前の豊島村の数値は不明．明治36年（1903）に豊島村は豊島町になり，同39年（1906）に横須賀町に編入された．
明治12年以前は『横須賀案内記』(1915)，明治23年以降は『新横須賀市史 通史編 近現代』による．

は二二五六戸と、明治元年の約三・五倍にまで増加している。単純に計算して一年に一五〇戸弱の増加であり、それまでは六四五戸しかなかったことを思うと、とても大きなインパクトであった。この間、明治九年には町制が施行されている。

明治二三年、同三四年の横須賀町の戸数はそれぞれ三三四九戸、四〇八一戸であり、増加傾向が続いたことがうかがえる。ただ、年平均の増加戸数を計算すると、明治二三年までが約一〇〇戸、明治三四年までが六五戸強と、増加のスピードは徐々に落ち着いていた。

だが、それは都市としての横須賀の成長が止まったことを意味するわけではない。横須賀町に隣接するエリアであった豊島村への人口・戸数の拡大が顕著にみられるようになるからである。残念ながら明治前半の豊島村の戸数は不明だが、明治二三年から明治三四年にかけての増加率は年平均一〇一戸と、横須賀町よりも多い戸数が転入するようになっていた。

工廠の誕生

こうして明治初期以来、一貫して増加傾向をみせてきた横須賀だったが、そうした状況がもっとも顕著になるのは、実は二〇世紀に入ってからのことである。この頃、行政組織にも変化があり、豊島村は明治三六年（一九〇三）に町制を施行、さらにその三年後の明治三九年には横須賀町に編入されることになった。翌年の明治四〇年には市制が施行され、横須賀市が誕生している。図6をみてもわかるように、明治三四年から大正元年（一九一二）にかけて、横須賀市（旧横須賀町および旧豊島町）の戸数は五七〇〇戸余りも増加しており、二倍に迫る伸びとなっている。年平均に換算すれば一年で五二〇戸ほどとなり、それまでの増加スピードとは全く違う速さで都市が拡大していった。

この間、明治三七年には日露戦争が起きている。そして横須賀では前年の明治三六年に、横須賀海軍造船廠と兵器廠が統合して横須賀海軍工廠が誕生した。これにともなって事業の拡大と多様化が図られたために、職工《しょっこう》数が大幅に増加した。『横須賀海軍工廠外史』によれば、統合前の明治三三年は四〇七七人であった職工数が、統合直後の明治三七年には七九一九人、二年後の明治三九年には一万五八一〇人となる。その後、職工数は減少するが、それでもこうした工廠の充実が横須賀の都市的拡大に大きな影響を与えていることは間違いない。

結果として、幕末に造船所が開設されて以来、五〇年間に横須賀の戸数は二〇倍近くも増加した。こうした急激な都市化を担ったのが転入人口であり、『新横須賀市史　資料編近現代Ⅰ』に収載される横須賀町が市制施行に向けて出した理由書にあるように、「人口出入多く、各地方人の占拠する複雑の地にして、自ら人情風俗を異にせる多大の人口を有する地」となっていた。しかも、『横須賀案内記』によれば、「古来の住民も多くは其職を転じ」（横須賀市一九一五、一九頁）る状況で、江戸時代以前から住んでいた者たちも生活や生業の基盤を変えたという。

横須賀の職業割合

『横須賀案内記』には大正二年（一九一三）末時点の職業関係者の人口割合が掲載されている。本業と副業とにわけて集計された統計だが、ここではひとまず本業だけを取り上げ、その割合を確認しておこう（図7）。なお、統計は男女別人口数が記載されているが、実際の従事者だけではなく、世帯内の本業従事者の指標をもとに、職業に従事しない女性・子ども・老人なども機械的に割り振った数値とみられる。

すでに確認したように、江戸時代までの横須賀は、海岸の集落が漁業、その他が農業という様相を示す地域であった。具体的な指標はないが、漁業と農業の従事者で過半を占めていたとみてよいだろう。それが五〇年経つと、「漁業」関係者は全体の〇・六五パーセント、「農業」関係者に至っては〇・三六パーセントとなり、第一次産品の生産・獲得地としての面影は微塵もない状況となっている。

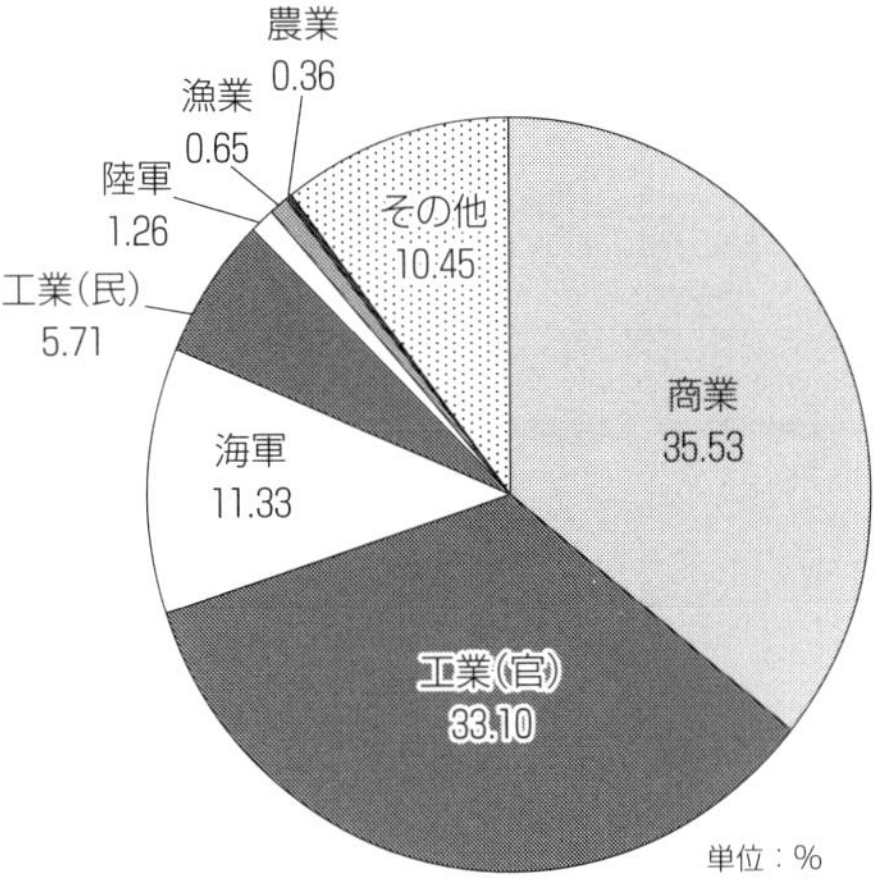

図７　大正２年（1913）の横須賀の職業関係者割合

『横須賀案内記』（1915）より.

実際の数値としても、漁業関係者は男性二八二人、女性一八〇人の計四六二人、農業関係者は男性一三〇人、女性一二九人の計二五九人であった。漁業関係者の場合は男性比率が高く、男性独身世帯、もしくは二世代同時の従事者が多いことがうかがえる。一方、農業関係者は男女がほぼ同数となっている。農業は家族で作業に従事する必要があったと思われ、それが男女差の小ささにつながったのだろう。いずれにせよ、この時の人口総数が七万一五一一人であることをふまえれば、農漁業関係者の少なさは際立つ。

大正二年の横須賀でもっとも関係者の多い職業が「商業」であった。横須賀の商業の一端は次節で触れることにするが、販売業や銀行業、飲食店業など、多彩な営業形態が確認でき、消費地としての側面が前面に表れるものとなっている。

ただ、横須賀が商業都市であったという評価を第一に述べることができるかというと、やはりそうではない。それは、職業割合では三位の一一・三三パーセント《パーセント》を占めている「海軍」関係者の存在である。日本国内に鎮守府《ちんじゅふ》は四都市に設置されたにすぎない。都市の職業割合で海軍関係者がこれほど多く占めるのは、横須賀以外に、あと三都市しかないということになる。軍港都市とは、日本の都市のなかでも特殊な職業構成をした都市であったことが、改めて確認される。

そして、その特殊さをより鮮明にするのは「工業（官）」、すなわち海軍工廠に関係する者の多さである。単一の勤務地への従事者数として圧倒的な存在感を放っており、当時の横須賀においては実に三人に一人が工廠通勤者およびその関係者であった。一つの企業およびその関連企業に地域の人口や経済が大きく依存する都市を一般に企業城下町と呼ぶが、横須賀はまさに工廠の企業城下町であった。横須賀が造船所建設を機に都市的発展を遂げた都市であることは、こうした職業関係者割合をみてもよくわかる。

軍隊と重工業の町

横須賀を含めた軍港都市が海軍と工廠の関係者の多さを特徴とするとき、都市にはもう一つの特徴が必然的に生じることになる。軍隊や重工業は男性従事者の割合が多いという一般的な傾向からもたらされる都市居住者の男女比のアンバランスさである。

大正二年（一九一三）段階の横須賀全体の人口の男女比は男性五七・六％《パーセント》、女性四二・四％《パーセント》となっており、男性が女性より一五％《パーセント》も多い。もちろんこれは全体平均値であり、職業関係者別でとらえると平均値よりも多い職業と低い職業がある。そのことを確認するために、図7で示した各職業について、男性関係者の割合が多い順番に並べた表を作成した（表2）。

表2　大正2年（1913）の横須賀の職業別人口における男性の割合

職業	男性の割合（%）
海軍	61.6
漁業	61.0
陸軍	60.0
工業（官）	59.1
全体	57.6
工業（民）	57.5
商業	55.6
その他	55.3
農業	50.2

職業分類は図7と一致させている．
『横須賀案内記』（1915）より．

すると、海軍・漁業・陸軍は男性比が六〇％《パーセント》を越え、工業（官）もそれに迫っている。漁業関係者の男性割合が多いことは先述したが、漁業関係者と陸軍関係者については全体からみるとわずかな人数であって、全体の比率に大きな影響を与えているわけではない。そうなると、やはり海軍関係者と海軍工廠関係者の男性割合の多さが横須賀の特徴を牽引していたことになる。

とはいえ、平均値を下回る民間工業や商業の関係者についても、男性が高い割合を示しており、海軍・工廠に直接かかわる職業関係者のみが男女比率の偏りがあるわけでは決してない。

寄留者の男女差

軍隊・重工業だけでなく都市内の職業の大部分で男性の割合が高くなる背景の一つには、横須賀が新興都市であり、移住者によって支えられている都市だということもあるだろう。移住者の少ない都市の場合、数世代にわたって居住をつづける都市住民が人口の多くを占めることになり、男女の数に極端な差が生まれることはない。それに対し、新興の商工業が人口を誘引し続けてきた横須賀の場合、職を求めて多くの移住者が訪れることになる。そうした移住者のなかには横須賀に定住していく者がいる一方で、一時的な居留の後に別の場所に移っていく者たちもいた。

『横須賀案内記』には、現住人口を横須賀に戸籍を置く在籍人と寄留人とにわけた数値も掲載されている（表3）。在籍人のなかには横須賀に居住していない者（非現住人）もいるため、在住している本籍現住人と寄留人とを合わせた数が都市人口となる。そこでの男女数をみていくと、現住人と寄留人とで大きな違いがあることがわかる。

横須賀に籍を置く者のうち現住人の男女比をみると、男性五一パーセント、女性四九パーセントであり、極端な差としては認められない。確かに男性のほうが七〇〇名ほど多いことは事実だが、それが横須賀の特徴を決定づけているわけではない、ということになる。

それに対して寄留人については、男性が一万人以上も多くなり、割合としても男性六三パーセント、女性三七パーセントと大きな差が生まれている。横須賀に稼ぎにやって来る者たちは圧倒的に男性が多かったことがわかる。

こうした特徴については、この七年後に実施された第一回国勢調査においても明確に表れている。大正九年（一九二〇）一〇月一日時点における横須賀市の人口は、八万九八七九人であったが、そのうち六二パーセントが男性、三八パーセントが女性であった。全体の比率からみると、大正二年からさらに男女差が開いたことになる。ただ、普通世帯の六万七六六八人だけをみると、男性五〇・三パーセント、女性四九・七パーセントで差はほとんどない。対して、下宿屋に下宿する単身者、会社の寄宿舎住まいの単身

表３　横須賀の在籍人と現住人口
（大正２年〔1913〕末）

（人）

	在　籍　人		寄留人 (b)	現住人合計 (a＋b)
	現住人 (a)	非現住人		
男	17,156	3,050	24,024	41,180
女	16,474	2,591	13,857	30,331
計	33,630	5,641	37,881	71,511

『横須賀案内記』（1915）より.

者、学校寄宿舎の生徒、軍隊営舎内居住者などを含む準世帯については、総数二万二二一一人のなかで男性は二万一九二九人であり、実に九九㌫《パーセント》近くを占めている。女性はわずか二八二人しか数えあげられていない。たとえば住み込みで働く家事使用人や（下宿屋ではない）素人下宿での住み込み人などは普通世帯に組み込まれるため、実際の単身女性の数はもっと多かったことが想定されるが、それでも男女差が均等になるわけではないだろう。

都市の流動

商工業での出稼ぎ、もしくは軍隊への所属などで横須賀に訪れた寄留者のなかには、次第に所帯を構え、横須賀に定住していく者も現れた。それが大正二年（一九一三）の在籍人や、大正九年の普通世帯人口につながっている。都市の成立から五〇年と、都市史からみると非常に若い横須賀だったが、それでも五〇年となると、そこに居を構えて落ち着いた世帯の世代交代も起きる。『横須賀案内記』の「風俗」項には次のような文章もみえている。

工廠に通勤する職工の如き、子孫其業を伝へ、勤続の久しき四十年以上に達する者あり。二十年以上の者六百五十人を算す。（横須賀市一九一五、二六頁）

ただし、こうした土着化の傾向があったとはいえ、それが大多数の動きであったと即断するのは難しい。たとえばこの引用文をみても、工廠への二〇年以上の勤続者は六五〇人程度とされている。一方で、『横須賀海軍工廠外史』によれば大正二年の職工数は八六八八六人となっており、永年の勤続者は一〇パーセントにも満たなかったことになる。

同じ『横須賀案内記』に都市の流動にも関わる面白いデータがあるので、紹介しておこう。それは明治四一年（一九〇八）に尋常小学校に入学した学年の生徒数についての推移を示したものである（図8）。実数ではなく入学時を一〇〇としたときの指標で提示されており、それをみると、第一学年末には一〇〇を超えており、転入者数が多かったことがうかがえるが、学年を追うごとに数値は下がり、卒業時には入学時の六五パーセント程度しかいなかった。もちろん、『横須賀案内記』が言うように、こうした変動の理由には「転入、転出、退学、落第等種々の事情」（横須賀市一九一五、一六三頁）があるので、単純な転入と転出の差というわけではないのだが、それでも尋常小学校の生徒の入れ替

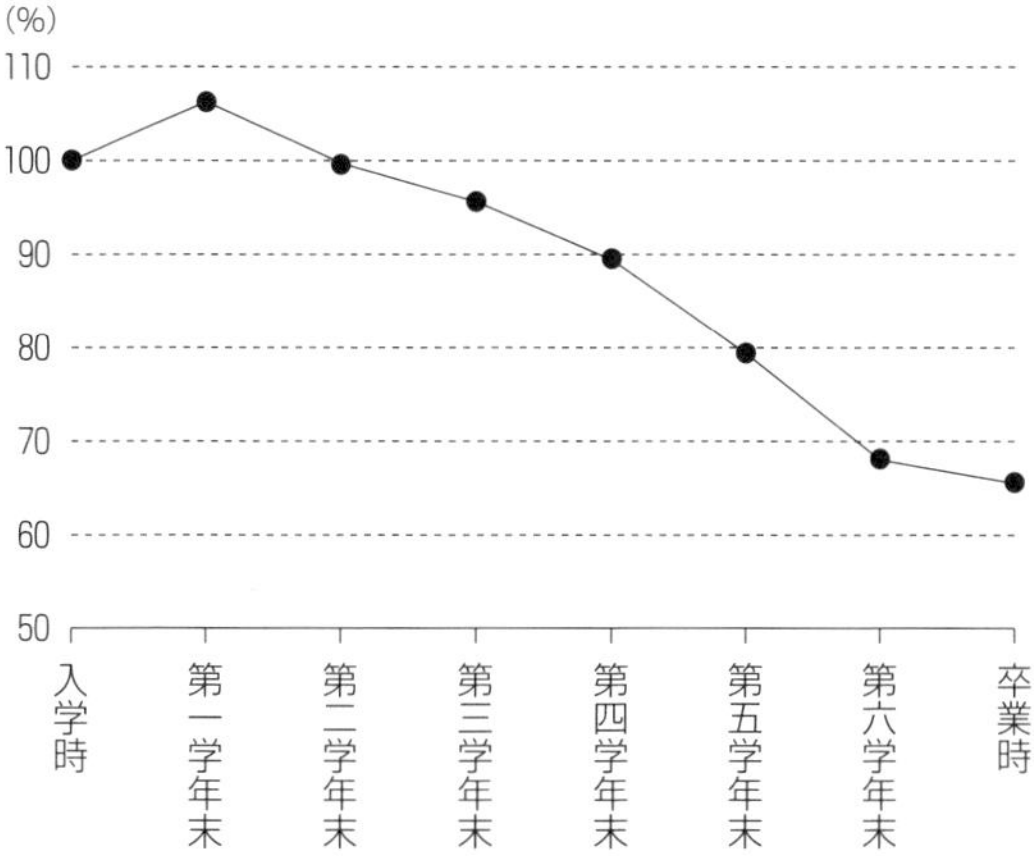

図8　明治41年(1908)尋常小学校入学学年の年次動向
(入学時を100とする)
『横須賀案内記』より作成.

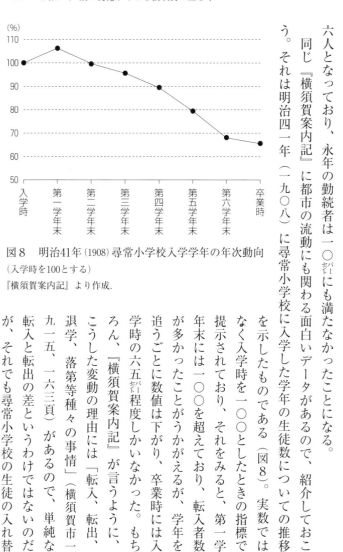

わりが激しかったことをうかがうには十分だろう。

ちなみに、『横須賀案内記』に掲載される明治四四年から大正三年までの尋常小学校ならびに高等小学校への入学者数と卒業者数の数値をみると、いずれも増加傾向がみられる。よって、全体として子どもの人数が増えていたことは間違いない。

横須賀の「紳士」

『日本紳士録』

『日本紳士録《にほんしんしろく》』という本がある。交詢社《こうじゅんしゃ》の刊行で、第一版は明治二二年（一八八九）である。第一版に付された編者の序文によれば、知人が多くなるにつれ、音信のための交友録を整えることが難しくなるが、それも「紳士録」なるものがないからだ、という発想から刊行が企図されたという。第一版は東京と横浜のみだが、明治二五年刊の第二版は東京・横浜に加えて、大阪・京都・神戸が加わっている。当時の大都市がどのような場所であったかがわかるだろう。

ここでいう「紳士」とは一定以上の額の税金を収めた者で、地祖に加えて明治二〇年に創設された所得税の納税者となる（その後、所得税のみが対象となった）。当時の所得税は名誉税ともいわれ、高収入者のみが対象だった。つまり、『日本紳士録』では都市社会における上層に位置づけられる階層が抽出されたことになる。納税の方式もあって、「紳士」のすべてが記載されるわけではないが、全体としての傾向や地域の特徴を抽出するには有益な資料である。

横須賀の登場

次の第三版が刊行されたのは、日清戦争後の明治二九年（一八九六）であった。対象地域は京浜地域のみとなっているが、京浜内の地区は拡大され、東京府と神奈川県がその対象となる。すなわち、横須賀の「紳士」も記載対象となったのである。なお、横須賀の場合、第三版では所得税五円以上の納税者、もしくは有権者で地租一五円以上の納税者であり、第四版以降は所得税五円以上の者が対象となっている。

第三版の内容だけをみると神奈川県内だからにすぎないとも思えるのだが、翌年に刊行された第四版になると、横須賀が掲載すべき都市として位置づけられていたことがわかるようになる。というのも、第四版では再び大阪と神戸の記載がみられ、目次が大きく京浜と阪神とに区分されたが、京浜の部については「東京、横浜、横須賀等」と、東京、横浜に続くかたちで横須賀が特筆されているからである。さらに第五版の編者の言葉には「昨年書中〔第四版中〕に掲載したる東京、横浜、横須賀、大阪、神戸の所得納税者」（編者識二頁）とあり、横須賀は日本を代表する都市として位置づけられていた。

ただ、こうした位置づけがずっと続いたわけではない。明治三六年（一九〇三）の第九版までは横須賀が特筆される状況が続くが、刊行のなかった明治三七年（一九〇四）をはさみ、日露戦争終結年の第一〇版（明治三八年刊）になると、明記される都市は「東京、横浜、名古屋、京都、大阪、神戸」（編者識一頁）となり、横須賀は姿を消す。翌年の第一一版は国立国会図書館に所蔵がなく未見だが、明治四二年（一九〇九）の第一二版以降も横須賀の名前が明記されることはない。

こうした理由は定かではないが、当時の状況から推測すれば、京都や名古屋といった都市が成長してきたことや、地域の核としての横浜の役割がより強まったことによると思われる。いずれにしても、横須賀が『日本紳士録』編集の際に注目されたのは、日清戦争から日露戦争にかけての間、海軍の軍事力が大きく拡張される時期であったことになる。

「紳士」の増加

第三版（明治二九年〈一八九六〉刊）から第七版（明治三四年刊）については、地域ごとの「紳士」数が掲出されている。横須賀は「三浦郡」としてまとめられており、横須賀単独というよりも、横須賀・浦賀とその周辺地域の全体的な状況として、把握することが可能である（表4）。それによれば、第三版の掲載者は三九一人であったものが、第七版には七四四人となっている。倍増とまではいかないものの、この間、一定以上の額を納税する者が急激に増加したことがわかる。こうした増加の背景

表4　『日本紳士録』にみえる三浦郡域の5円以上納税者数

版	刊行年	調査年度	所得税5円以上納税者（人）	有権者で地租15円以上納税者（人）	合計（人）
第3版	M29(1896)	M28年度	374	17	391
第4版	M31(1898)	M30年度	361		361
第5版	M32(1899)	M31年度	449		449
第6版	M33(1900)	M32年度	570		570
第7版	M34(1901)	M33年度	744		744

『日本紳士録』各版より作成.
『日本紳士録』第1版（1889）および第2版（1892）は三浦郡未掲載.

の一つに人口増加があることは間違いない。『日本紳士録』の第三版と第七版の刊行年における三浦郡の人口を『新横須賀市史　通史編　近現代』所収の統計値で確認すると、明治二九年には九万九五四〇人であったのが、明治三四年には一一万五二八六人となっており、一五パーセント以上の増加をみせている。なかでも、同期間の横須賀町の人口増加率は三六パーセントであり、三浦郡全体の増加の牽引役を担っていた。

明治三五年の高額納税者分布

明治三五年（一九〇二）一二月に刊行された『日本紳士録』第八版には納税者の総数表示がなくなる。そのため、表4には掲示していないが、地域ごとに「紳士」名がイロハ順に示されており、「横浜・横須賀の部」の中で横須賀町や周辺町村の納税者数を確認することができる。三浦郡全体では八五〇名を超えており、前年度よりも一〇〇人以上多く、増加傾向が続くことがわかる。

ここでは、この第八版をもちいて、三浦郡のなかでもとくに横須賀町、豊島村、浦賀《うらが》町の三町村の状況を確認してみよう。豊島村は横須賀に隣接する村で、海岸部に位置する横須賀の「下町」に対して、背後の丘陵上に位置する「上町」としてとらえられる地区であった。浦賀町は横須賀よりも古い港町で、当時の一定規模の港湾都市として機能し、横須賀と並ぶ中心地であった。

三町村の納税者数をみると、横須賀町が四二三名、豊島村が二七四名、浦賀町が九八名となり、横須賀町が最多であった。ただ、字別でみてみると、横須賀町が多いという理解はやや単純であることがわかる。表5は三町村内の地区（字・町）ごとに『日本紳士録』（第八版）に掲載の納税者数を数え、一〇人以上いた地区を抜き出したものである。納税者数がもっとも多いのは横須賀町内ではなく豊島村の中里となっており、三番目には同村深田が、五番目には同村公郷《くごう》が続いている。これらはいずれも横須賀町の市街地と隣接する地区であった。

豊島村には、海軍工廠の工員住宅などが建設されていた。一方で、東京湾要塞司令部や東京湾要塞砲兵連隊といった陸軍施設が設置され、横須賀のなかにあって陸軍の色が強い地区であった。さらには横須賀区裁判所や三浦郡役所（ただし郡役所設置は明治三六年）が置かれ、周辺地域における中心地区としての側面も備えるようになっていった。このよう

表5　所得税納税者の多い地区（明治35年）

町　村	字（町）	納税者（人）
豊島村	中　里	125
横須賀町	汐　入	101
豊島村	深　田	77
横須賀町	逸　見	61
豊島村	公　郷	39
横須賀町	若　松	34
同	稲　岡	34
同	旭　町	33
同	汐　留	30
同	楠ヶ浦	27
同	大　瀧	26
同	元　町	26

『日本紳士録 第8版』（1902）より作成.

表6　5円以上納税軍関係者の主な居住地

町村	字（町）	人数（人）
豊島村	中里	20
豊島村	深田	12
横須賀町	稲岡	12
横須賀町	汐入	7
豊島村	公郷	6
横須賀町	汐留	5

『日本紳士録 第8版』（1902）より作成.

に、「上町」は海軍鎮守府や工廠の影響もさることながら、横須賀町とは異なる役割を果たしていた。

豊島村の納税者二七四名のうち、職業が判明するのは九六名だが、そのうち農業となっているのは五名しかいない。その他はすべて商工業もしくは公務従事者であり、ここからも都市的な性格を読み取ることができる。とくに表5にあがる三つの字は軍関係者が比較的多く住んでおり（表6）、軍人の居住地として展開した側面もあったことがわかる。豊島村は第八版刊行の翌年にあたる明治三六年に町制を施行するが、確かに農村的な側面は乏しく、町としての特徴を十分に備えていたことになる。

さらに、豊島町となった三年後の明治三

九年には横須賀町に編入され、横須賀と一体となった。その頃、戸数の増加率が旧横須賀町よりも多かったことは先に確認したとおりである。

浦賀町の特徴

一方、浦賀町はと言えば、表5にどの地区も登場しない。実際、一番多い大ヶ谷でも一四人であり、豊島村や横須賀町の各地区と比べると目立たない数となる。しかし、浦賀町の特徴は人数ではなく、むしろ納税額という点にあった。表7は、三町村のなかで一〇〇円以上の所得税を納めた人物を列挙したものだが、六人中四人が浦賀町の人物となっている。そして、この四人の浦賀町民はいずれも浦賀や横須賀の発展に深く関わる人物であった。

臼井儀兵衛以外の三人は、いずれも浦賀町長となった人物である。調査された明治三五年時点で町長の任にあったのは、第五代町長の高橋勝七であった（任期：明治三二年八月八日～明治三六年八月七日）。その前任となる第四代は宮井與右衛門が（任期：明治三一年七月一三日～明治三二年八月二日）、後任となる第六代は太田又四郎が（明治三六年九月八日～明治三八年七月一七日）、それぞれ務めている。

高橋勝七は浦賀町鴨居《かもい》の旧家出身である。高橋家は明治一一年（一八七八）に現在の京浜急行電鉄横須賀中央駅付近の海岸を埋め立てたことで知られる。埋立地に作られた町は、高橋家の屋号である若松屋に由来して「若松町」と名づけられた。若松町という町名は現

表7　明治35年の所得税高額納税者（横須賀町・豊島村・浦賀町）

所得税額（円）	名前	町村	字	職
1,250	臼井儀兵衛	浦賀町	紺屋	浦賀銀行頭取，大黒屋
384	高橋勝七	浦賀町	鴨居	郡参事会長，浦賀町長，浦賀銀行，武相貯蓄銀行各取締役，農
190	棚橋録三郎	豊島村	中里	一等軍医，要塞砲兵連隊附
165	太田又四郎	浦賀町	蛇島	浦賀銀行取締役
129	宮井與右衛門	浦賀町	大ヶ谷	浦賀銀行取締役，商
126	塩屋方圀	横須賀町	楠ヶ浦	陸軍中将

『日本紳士録 第8版』（1902）より作成.

在も利用されている。

高橋を除く三人はいずれも廻船問屋《かいせんどいや》として活躍した者たちである。町長経験者の宮井與右衛門は東浦賀の宮原屋として、肥料や米穀などの運送をおこなっていた。やや時期の下がった大正四年（一九一五）の『浦賀案内記』にも「官塩元売捌」および「海陸産肥料 米穀 醤油 炭販売」の宮與商店として広告を出している。また、太田又四郎も米穀や雑穀、塩などを扱う廻船問屋河津屋を経営していた。

しかし、廻船業の規模でみれば、町長経験者の二家よりも、臼井儀兵衛（第四代）がはるかに大規模な経営をおこなっていた。臼井は江戸期より浦賀を代表する問屋であった大黒屋の主人であり、明治期においても米穀や肥料、そして食塩の廻船で栄えていた。当時の日本経済の要に位置する渋沢栄一《しぶさわえいいち》とも親交のあったことが知られ、渋沢の事業に関与することもみられた。明治三二年には神奈川県の貴族院多額納税者議員に選出されたほか、同年には浦賀銀行を創設し、頭取に就任している。表7に示したように、浦賀町の他の三人もいずれも浦賀銀行の取締役に名を連ねており、浦賀銀行が当時の浦賀町経済に存在感を示していたことがわかる。

ただし、第四代の儀兵衛が明治三七年に没した後、臼井家は明治四〇年に破産する。この点、最新の見解（『新横須賀市史　通史編　近現代』）によれば、従来言われてきた明治三八年に公布された塩専売制の影響というよりも、相場取引における投機の失敗が原因であったようである（横須賀市二〇一四、三二〇頁）。臼井儀兵衛の創設した浦賀銀行は、臼井家の破産後、高橋勝七が頭取となった。そして明治四三年には藤沢町（現・藤沢市）の藤沢銀行、相模共栄銀行と合併し、藤沢に本店を置く関東銀行（現・横浜銀行）となり、浦賀の銀行という性格は次第に薄れていった。

軍関係者の序列

表7にあげられた浦賀町以外の居住者、棚橋録三郎と塩屋方圀はいずれも軍関係者であった。棚橋は陸軍の要塞砲兵連隊付の軍医、塩屋は明治三五年（一九〇二）五月まで東京湾要塞司令官の任にあった人物で、刊行当時は予備役となっていた。軍医と元司令官という、やや特殊な位置にある人物のため、軍関係者の様相を知るためにはもう少し納税額を広めにとる必要がある。

そこで改めて『日本紳士録』（第八版）から、陸海軍関係者のみを取り上げて、高額納

表8　明治35年の所得税50円以上納税軍関係者（横浜・横須賀の部）

陸／海	名前	階級	職	所得税（円）
陸軍	棚橋録三郎	一等軍医	要塞砲兵連隊附軍医	190
	塩屋方圀	陸軍中将	（予備役）	126
	鮫島重雄	陸軍少将	東京湾要塞司令官	77
	桑原槇太郎	三等軍医	要塞砲兵連隊付軍医	66
海軍	八洲　享	海軍主計総監	横須賀海軍経理部長	76
	湯池定監	海軍機関総監	機関学校長	76
	向山愼吉	海軍少将	鎮守府参謀長	69
	重久篤行	海軍機関総監	鎮守府機関部長	66
	鈴木孝之助	海軍軍医総監	鎮守府医務部長	66
	臼井藤一郎	海軍造船大監	造機科長	63
	鹿野勇之進	海軍大佐	海兵団長	50

『日本紳士録 第8版』（1902）より作成.

税者をリストアップして確認したい。表8では、便宜上、陸軍と海軍を分け、それぞれ五〇円以上の納税者を納税額順に並べている。すると、先の二人を除いた現役軍人のうち納税額のトップは陸軍の鮫島重雄であったことがわかる。当時、鮫島は塩屋の後任として東京湾要塞司令官の任にあった。横須賀における陸軍関係者としては最高位に位置する人物である。

軍医を除くと、陸軍で五〇円以上を収める者は鮫島以外にはいない。次に確認できる陸軍関係者は要塞砲兵大隊長を務めていた砲兵少佐福田英となるが、納税額は二二円であった。『日本紳士録』が網羅的に収載されていない点を考慮する必要はあるが、軍医を除けば、司令官と他の職との間には大きな差があったことになる。

こうした陸軍の状況に対して、海軍の場合は五〇円以上の納税者が七人を数える。この年、海軍関係者でもっとも納税額が多かったのは、経理部長であった八洲亭と機関学校長であった湯池定監で、七六円を収めている。これは鮫島とほぼ変わらない額である。二人に続く向山愼吉は鎮守府参謀長、重久篤行と鈴木孝之助はそれぞれ機関部長、医務部長で、いずれも各部署の長を務める人物となっている。彼らの階級は少将もしくは総監となっており、総監が中少将相応と規定されていたことをふまえると、ほぼ同列の位階であったと言ってよい。

ところで、横須賀鎮守府のトップと言えば、もちろん司令官である。ここでは鎮守府参謀長のみが挙がり、司令官である井上良馨《いのうえよしか》の名前はない。ただ、『日本紳士録』（第八版）に名前がないわけではない。実は井上は「東京の部」のなかで「男爵、海軍大将、横須賀鎮守府司令長官」という肩書で登場しており、納税額は一六二円であった。横須賀鎮守府のなかで他を圧倒する額である。

階級・給与・納税額

海軍では階級によって俸給が定められていた。基本階級という点で所得税額をみてみると、表9のような状況を確認でき、確かに階級ごとに納税額がおおよそ決まっていることがわかる。

表9には本来、下士官である兵曹長もあがっている。海軍において士官と下士官は大きな違いであり、同列に扱うべきではないと不審に思うかもしれない。しかし、明治三五年

（一九〇二）という時期においては、兵曹長は士官（高等武官）に位置づけられており、階級上は少尉と同列にあった。これは明治三〇年一二月一日より施行された勅令（第三一〇号）によるが、国立公文書館に所蔵される史料には、そうした変更を必要とする理由が次のように記載されている（旧字体を新字体に、カナをかなに改め、ルビや句読点を補った。以下も同様）。

兵曹長等の諸官を置き、其の官等は少尉同等と為し、一は以て職務に対する官等の権衡を得せしめ、一は以て下級軍人の進路に好望を与へ、且《かつ》積年の勤労と其の技能の熟練とに対し一層の奨励を加ふるの必要を認む。

（「海軍武官官階ヲ改正ス」明治三〇年九月一六日）

当時、艦船の進歩が著しく、熟練した技術を持つ叩き上げの軍人を増やし、またつなぎ留めておくことが海軍のなかで重視されていた。そのため、絶対的な区分であった士官以上と以下の区分にメスを入れ、下士官からも「士官」相応の階級になれるという「好望」を与えたのである。その後、大正四年（一九一五）には兵曹長等は特務士官という位置づけとなり、士官とは区別されたため、兵曹長等が士官に位置づけられているのは、この時期ならではだといえる。

一方、表9をみると、兵曹長の納税額は中尉よりも上、大尉に近いことがわかる。階級的にみれば同格では決してないものの、納税額的にみれば大尉クラスということになる。これは実際の給与がその水準にあることを予想させるが、実際、当時の士官クラスの俸給表をみると、兵曹長等は大尉及相当官の三級・四級の俸給と同額となっている（表10）。通常の士官については階級区分と年俸の上下は一致しているが、兵曹長等については、階級の位置づけと年俸額の位置づけは必ずしも一致していなかった。

こうしたズレが生じたのは、兵曹長等が本来、下士官キャリアの最上に位置する階級であったことによる。昇級の過程で俸給があがっていった結果が、おおよそ大尉クラスだったということである。この時期、兵曹長等の下に上等兵層等の「准士官」階級が置かれていたが、この准士官も給与的にみれば、三級以上は少尉、二級以上は中尉にほぼ相当する額となっており、やはり階級と年俸額は一致していない。

表9　海軍の階級と納税額の関係

階　級	納税額（円）
少将・○○総監	66-76
大佐・○○大監	40-63
中佐・○○中監	20-37
少佐・○○少監	16-20
大尉・大機関士他	10-11
中尉・中機関士他	7 - 7
少尉・少機関士他	（記載なし）
兵曹長	8 -11

『日本紳士録 第８版』（1902）より作成.

さて、表10をみてもわかるように、高等武官は年俸制であった。それであれば、なぜ納税額に差がみられるのだろうか。それは、海軍には固定給のほかに、加俸（ないし減俸）の仕組みがあったからで、もっとも大きなものが艦船任務の日数に

表10　海軍高等武官俸給表

	年俸（円）			
大将	6,000			
中将	4,000			
少将及相当官	3,300			
大佐及相当官	一級 2,496.6	二級 2,263		
中佐及相当官	一級 1,898	二級 1,606		
少佐及相当官	一級 1,277.5	二級 1,095		
大尉及相当官	一級 876	二級 766.5	三級 693.5	四級 620.5
中尉及相当官	一級 511	二級 474.5		
少尉及相当官	401.5			
兵曹長等	一級 693.5	二級 620.5		

明治30年勅令第401号「海軍軍人俸給令」をもとに作成.

応じて加算される「航海加俸」であった。航海加俸は航海域によって東アジア沿岸域、東南アジア～南洋諸島域、インド洋・西太平洋・北極海・南極海、大西洋域の四段階にわかれており、遠方への航海任務であればあるほど高額の日当が加算されていった。そのため、同じ階級であっても、職務の違いや乗船回数によって受け取る額には違いが生まれることになった。

俸給の規定で面白いのは、「太平洋を渡航し日数に一日の増減あるときは暦の日数に依る」（明治三〇年勅令四〇一号、陸軍軍人俸給令第二十二条）と、日付変更線を超えたときの考え方まで明記されていることだろう。これは給与を三六五で除して、月の日数に応じた額を月給として支払っていたために必要となる規定だが、航海加俸の地域区分からみても、日付変更線を超えた活動が明確に視野に入っていたことが読み取れる。

商人の分布

さて、前節で確認したように、職業別割合でみると横須賀は商業従事者がもっとも多い。『日本紳士録』（第八版）を使った最後の確認として、一定程度の収入を得ている商人がどういった地区に居住していたのかを概観しておこう。

表11は五円以上の納税が確認される者のうち、商業従事者と申告している者を居住地別にピックアップし、人数が一〇人以上となった字（町）を掲出したものである。この表と表5や表6（四六頁）とを比べてみると、いくつかの特徴を確認することができる。

一つは、豊島村の字が表11ではみえない点である。『日本紳士録』には職業未記載の者も多いため、実態と異なっている可能性を考慮する必要はあるものの、たとえば表5でもっとも多い納税者居住地となっていた豊島村中里では、高額納税の軍人が二〇名いた一方で（表6参照）、職業が商業と明記された人物はわずかに一名を数えるにすぎない。つま

表11　5円以上の納税商人数

町村	字(町)	人数(人)
横須賀町	汐入	23
同	大瀧	19
同	旭町	14
同	若松	14
同	汐留	12
同	楠ヶ浦	11
同	元町	10

『日本紳士録 第8版』(1902)より作成.

り、中里は商売人の多い商業地区というよりも、居住地区としての特徴を見出すことができる。職業を官吏とする高額納税者が一三名確認できる点も、居住地区であることを物語る。

こうした点と反対の様相をみせる典型が、横須賀町の大瀧《おおたき》である。表5と表11を比べるとわかるように、大瀧における五円以上の所得税納税者二六名のうち、実に一九名が商業関係者であり、商業地であることが明確である。「料理屋」「飲食店」と業態を明示する人物も三名確認できる。

大正四年(一九一五)の『横須賀案内記』では、大瀧、若松、元町、小川、旭町を「市街中心」としており、「大《たい》廈《か》高楼《こうろう》軒を並べ、甍《いらか》を接し、主要なる銀行、会社、巨商、工場、旅亭、劇場等は全く此の地域に蝟《い》集《しゅう》し、最も慇懃《いんぎん》を極む」(横須賀市一九一五、二九—三〇頁)と表現されている。これらの地区の多くは横須賀が都市化する早い段階で埋め立てによる土地拡張がなされた場所であった。大瀧は慶応三年(一八六七)に埋め立てられ、遊《ゆう》廓《かく》が建設された。港町は明治四年(一八七一)、小川町は明治一一年に形成されている。同じころには、先に触れたように高橋家によって埋め立てがなされ、若松町が誕生している。こうした初期の都市開発地は、都市発展の起点となり、また人びとの集まる集積地となって、横須賀の核として成長していくことになった。表11は、そうした特徴の一端を示しているることになる。

賑わう社会

『横須賀繁昌記』の世界

造船所の開設以後、急速に発展を遂げた横須賀だが、その頃を生きた人びとの生の声を聴く史料はなかなかない。前節では人口や納税額といった数値で示される情報から横須賀の発展をとらえたが、そうした数値からはうかがいにくい、都市の活き活きとした賑わいをどうにかして知れないものか。そのような欲求を、多少なりとも満たしてくれるのが、明治二一年（一八八八）に刊行された『横須賀繁昌記《よこすかはんじようき》』である。

『横須賀繁昌記』は東京から横須賀稲岡《いなおか》町に移り住んだ井上三郎（鴨西居士）によって書かれた案内記で、同旭町の大塚静喜によって印刷されている。大塚は『横須賀一覧図《よこすかいちらんず》』（明治一五年版）の刊行者としても知られており、明治一〇年代から出版業に携わっていた。

その一方で、たとえば明治二五年の『日本全国商工人名録《にほんぜんこくしょうこうじんめいろく》』では「回漕業《かいそうぎょう》」の項目で登場しており、少なくともこの頃は荷客運送にも携わっていたようである。前節で取り上げた『日本紳士録』（第八版）にも「運送業」として登場する。

『横須賀繁昌記』は横須賀の歴史から始まり、学校や官衙といった公的施設の説明の後、割烹《かっぽう》店や旅宿店といった巷の商売に話が移る。こうした構成に繁昌記ものとしての目新しさはないが、項目によっては作者である井上の鋭い都市観察の成果が披露されている。それは地の文章内で語られる場合もあれば、複数の人物の掛け合いの話し言葉によって説明される場合もある。特に掛け合い部分は、臨場感を持って読者に横須賀の雰囲気を伝えてくれる。多分にフィクションであることは承知しつつ、その掛け合いにも注目しながら、明治二〇年代の横須賀の雰囲気を味わってみよう。

旅の者への勧め

掛け合いの趣向は本文に入る前、自序からいきなり用いられている。東京から横須賀に向かう船での一コマという設定で、登場する甲・乙・丙の三人のうち、甲と丙は横須賀に初めて訪れる者、そして乙は横須賀をよく知る者という役回りである。では、三人の言葉に耳を傾けてみよう（適宜句読点を付し、原文を損ねない範囲で現代の漢字かな表記に改めた。以下同様）。

甲　「何んと早いものではげせんか。モー横浜が見へますぜ」

乙　「(前略) 僅かに三時間で通行が出来るのですものを便利じゃありませんか。それに鉄道が敷ると (中略) 横須賀も益々好く成りますね」　(自序八頁)

ここでは、東京から横須賀までの時間距離の近さが強調され、便利な場所であることが説かれる。乙の触れる鉄道とは、翌年に営業を開始することになる国鉄横須賀線のことだろう。横須賀線の開業によって、新橋と横須賀の間は二時間余りで結ばれることになった。

丙　「(前略) 私の子息が造船所へ出て居りますが、私に見物がてら出てこいと云うてよこしましたから参りますが、横須賀はどんな所でございますか (後略)」

乙　「(前略) まづ第一の見物と申は、造船所です。其の船渠の大なること、機械の沢山なることなどは世界で二、三番だというくらいです。そして進水式の時は横須賀第一の賑わい日であります。

或は割烹店や貸座敷の繁昌することから、女演劇の流行すること、大弓場の増殖することから、夜間市中の賑わうこと、或はまた晦日の夜、祖師堂の賽市の雑踏から、米の山安針塚の景色の好ことなど、なかなか一寸《ちよつと》の話説には尽されません (後略)」　(自序八―九頁)

息子が造船所の職工で、見物に来るように誘われた丙に横須賀のことを尋ねられた乙は、まずもって造船所や進水式の様子に触れた後、都市の賑わいを列挙しながら、要領よく、横須賀の「売り」を説明していく。この語りの後、すべては語れないから、「近頃出版に成った横須賀繁昌記という本を買てご覧なさると、悉皆《くわしく》横須賀の事情がわかりますよ」と、ちゃっかり本の宣伝に入っていくのだが、裏返せば、ここに挙げられた横須賀の「売り」が掲載されていることを暗示させる内容となっている。

丙はともかく甲の来訪目的はよくわからない。ただ、横須賀への観光客が造船所の見学を目的としていたことは、『横須賀繁昌記』の本文中でも示される。旅宿店を紹介する際、横須賀の旅宿店が特に繁昌するのは夏で、春がそれに次ぐとあり、それは次のような理由だからだという。

　夏期は千葉、茨城、埼玉地方より富士大山参詣の同行数百名、伍々群をなし造船所の見物に立寄り、春は青森、山形、福島地方より伊勢参詣の道者数十名、列々組を分ちまた来ればなり　（五八頁）

富士山や伊勢は江戸時代から続く著名な参詣地だが、人びとは富士や伊勢といった目的地のみならず、ルート上のさまざまな観光地を巡ってまわっていた。参詣とはそうした観光スタイルであったといってよい。明治二〇年代には、こうした「伝統的」な参詣の旅のなかに、横須賀の造船所が組み込まれていたということになる。

造船所の威容

まずは、参詣者が立ち寄ろうとした造船所の記述を確認しよう。造船所に関する記載は大きく二つにわかれており、歴史をひも解きつつ東洋一と称されるに至った状況を誇る部分と、造船所のなかを観覧する者に便利なように正門から裏門に抜ける形で諸施設の簡単な紹介がなされる部分からなる。

造船所の紹介では軽妙な掛け合いは利用されず、たとえば次のような漢詩を彷彿とさせるリズム感ある文言が重ねられることで、繁栄する造船所が表現されている。

轟々《ごうごう》たる煙突は擾々《じょうじょう》として雲霓《うんげい》を吐き、烟《けむり》斜に霧横りて、天常に晴れず、巍々《ぎぎ》たる工場は轟々として、雷霆《らいてい》の如く聲鳴り音響きて、地また震ふ。轆々《ろくろく》として遠く聴へ乍《たちま》ち驚くは是れ鉄道の運搬車なり。赫々《かくかく》として高く聳《そび》え明に輝くは是れ夜業の電気灯なり。電信線は東西に掛り、電話器は南北に互り（中略）誠に東洋第一の工場と謂つべし。　（二一九頁）

現在であれば、公害や環境問題として糾弾されそうな内容であるが、空を覆う煙や地を揺るがす大きな音は、世界に誇る造船所にふさわしいものとして紹介されている。そして鉄道や電灯、電信電話といった近代化の象徴ともいうべき交通・通信網を介して、造船所の先端性が謳われている。海軍の工場内に電信架設されたのは明治一九年（一八八六）であったから、確かに最新設備であったと言えるだろう。もっとも、電話架設に至っては

『横須賀繁昌記』の刊行された後に許可されているので、（そうした予定があったにせよ）やや誇張がすぎた表現だったかもしれない。

加えて強調されるのが「日本」である。よく知られているように、横須賀の造船所や初期の艦船の建造にあたっては、フランスの技術者レオンス・ヴェルニーなどのお雇い外国人が大きな役割を果たしていた。もちろん、『横須賀繁昌記』にもそうした経緯は記されている。しかし、力点はヴェルニー帰国後に作られた艦船で、「少しも外国人の手を借らすと雖《いえど》も毫も欧製に異ならずと謂う。豈《あ》に盛んならずや、亦《また》喜ばしきことにこそ」（三一頁）と、日本人だけの力で外国製に劣らぬ艦船を作れることを誇示するのである。こうした表現に当時の横須賀、いや日本の状況を読み取るのはたやすい。

もっとも、その直後に次のような文章が来るので、朝令暮改の誹《そし》りは免れない。

晩今《ちかごろ》、我が国に於て海軍拡張論愈《いよい》よ盛んに行われ、政府も之れが必要を成し、世にも稀れなる仏国造船博士ベルタン氏を雇聘《こへい》し、専ら海軍造船の事を委托せらしかば、自今造船海軍の進歩も猶《な》ほ一層著明ならんと思わる。（三一頁）

日本政府がフランス人のエミール・ベルタンを雇ったのは明治一九年であり、『横須賀繁昌記』の執筆段階での大きな話題であった。ヴェルニーから自立できた横須賀、そしてさらなる成長のためにベルタンに期待を示す横須賀といった二つの局面が見え隠れしているとでも言えるだろうか。

進水式の人混み

先の掛け合いのなかで乙が「進水式の時は横須賀第一の賑わい日」と言っていたが、作者の頭には明治一九年（一八八六）三月三〇日の巡洋艦「武蔵」の進水式があったようである（ちなみに、「武蔵」という名としては二代目の艦船である）。『横須賀繁昌記』にはこの時の模様と市中の賑わいが述べられている。

進水式は皇后臨席のもとで午前一一時から一三時三〇分までの間で開催された。「武蔵」の建造工程などが紹介された後、船の支え木が外されると「武蔵」は「疾風奔雷《しっぷうほんらい》の勢」（四八頁）で海面に滑り、浮かんだという。その時、山のようにいた観衆たちの喝采と拍手の響きは、天地を鳴動させるほどであったと述懐する。それればかりでなく、海岸では万歳の声が響き、さまざまな花火が興を添えるような状況で、それは「頗《すこぶ》る壮快にして、亦《また》一層の美観を呈」（四九頁）するものであった。

たくさんの見物人があったのは、もちろん進水式を見たいがためであったが、ほかに当日は造船所が一般解放され、自由に参観可能となったことも大きい。その数は「幾萬なるを知らず、真に当港未曽有の盛況にして、市街の雑踏一方ならず」（五〇頁）という状況だった。こうした状況になると、当然、見物人たちは食事をするのも大変であり、料亭や飲食店はここぞとばかりの書き入れ時となる。そうした点を『横須賀繁昌記』は面白おかしく伝えている。

就中《とりわけ》宿屋、料亭および飲食店は非常の繁栄を極め、飲食物の価格はすべて平常の五六倍にして、最初はまぐろの刺身一人前、金二十余銭なりしが、終に品物払底、値を論ぜず、互いに競り買い争うに至り、一尾の魚千百人にわかち、一日の利潤数月の家計を資《たす》くと云うはこれ、泰平の余徳《よとく》にこそある。実に盛大なる進水式と謂《い》うべし

（五〇頁）

料理屋の評判と宴

右のなかにも料亭や飲食店が出てくるが、この頃の横須賀では多くの料理屋が営業していた。主な料理屋の評判も『横須賀繁昌記』に載っている。その視点は建物や立地の良さと料理の良さの二つにある。

『横須賀繁昌記』によれば、横須賀の料理屋は鳥新楼が「酒楼《りようりや》」の魁《さきがけ》で、次が福島楼だという。そのほかいくつかの料理屋が紹介されるが、大瀧町の一力亭は以前は東西を海に臨む風光よき場所であったが、この頃には周囲が埋め立てられ、趣が失われていたことが指摘される。ただ作者は、懐旧の情を述べつつも、「されど是れ本港日進繁昌するの證たり」（五一頁）と、横須賀の現在を冷静に分析している。

福島楼は諸楼中もっとも建物が立派で、盛宴を開きたい客が多く訪れていた。その事例であろうか、「福島楼の懇親会」という別項が設けられ、海軍の宴の様子が描写されてい

るのだが、これが皮肉たっぷりの紹介である。宴の主役は「均服清々として面貌黎々《りり》たり」（五四頁）という数十人で、最初は「頻《しき》りに熊髭を捻《ひね》り、航海の模様を談ずる」（五四頁）ような様子であったが、飲食が始まり、時が経つにつれて宴の席は大騒ぎになっていく。作者も作者で、「放酔貪饞《ほうすいどんさん》狼藉を極め」（五六頁）と散々な言いようである。よっぽど迷惑をこうむったことがあったのだろうか、締めの文章には、そうした思いがにじみ出る。

礼にはじまり乱に終るは是れ今日宴会の風、率《おおむ》ね斯くの如し。己れより之れを観れば或は以て愉快たるも、他より之れを観れば是れ何等の殺風景ぞ、誠に四辺の迷惑なりけり。（五六頁）

もっともこれは、いつの世にも、またどこの場にも当てはまる光景であり、教訓である。

料理の品位は鳥新楼や二つの小松がよく、一力亭や福島楼がそれに次ぐ。名物として挙がるのは、尾張屋の鰻《うなぎ》で「酔〔ママ〕も不酔〔ママ〕も猫も杓子も」（五三頁）尾張屋で飲む者が多いという。また、佐久良の天ぷら、玉すしの鰻、大黒・桐屋・あづまやの軍鶏《しゃも》も有名でたくさんの人が訪れている。その他、蕎麦《そば》店や汁粉《しるこ》屋、屋台すしも格別だといい、料理屋から屋台まで、さまざまな階層向けの店が都市のなかにあふれていた様子がうかがえる。

旅人の驚き

旅宿店の紹介では、ほろ酔いで旅宿店に帰ってきた客が横須賀の街の印象を述べ、そこに按摩《あんま》師が応える場面がある。なお、ここでの甲乙は先に紹介した者たちとは別人の設定となっている。

甲　「横須賀市中の賑わい繁昌するのには実に驚いたな。勧工場は二個もあり、玉突場も在て」

乙　「左様さ、すてきに人が素見《ひやかし》に出るね。那の遊女屋の近傍抔《など》は歩行が六《む》つか敷《しい》程だ。加之《おまけ》に泥酔漢が乱暴にも途上で喧嘩をするには亦、驚いたな。按摩さん、毎晩あんなに雑踏するかね。」

按摩「へい、毎晩でございます。船の衆の喧嘩は常ですよ。」

乙　「そいつは厄介だな」　（六二頁）

外部者たる客にとって横須賀の賑わいは予想以上のことであった。『横須賀繁昌記』の別項には、貸座敷、劇場、寄席、大弓場、楊弓肆《ようきゆう》などの賑わいが活写されている。たとえば大弓場は一〇か所以上もあっていずれも繁昌しているという。寄席も代表的なもので五つを数え、「職工官吏の多きがため」（後編二五頁）に、それらはいずれも夜の興行だった。つまり、賑わいを支えるのは旅宿店に泊まる客というよりも、むしろ横須賀に住まう者たちであった。客たちは、そうした地元の熱気を目の当たりにして驚いたわけである。

そうした驚きに対して、按摩師は雑踏は毎晩だと平然と言ってのける。「船の衆の喧嘩は常」だと続けるが、客は「泥酔漢」とだけ言っており、決して海軍兵とは言っていない。

それでも、按摩師がそう答えるのは、まさに海軍兵の喧嘩が日常だったからだろう――正確にはそのようなセリフを言わせる作者の認識である――。それは、先にもあった「誠に四辺に迷惑」に通じる賑やかさだったかもしれない。

客がみた路上の喧嘩ではないが、貸座敷内での海軍兵どうしの喧嘩は『横須賀繁昌記』に描写されている。

甲「なに廊下で酒を飲んじゃ悪いのか」
乙「当然《あたりまえ》よ。酒を飲むなら座敷で飲め。（後略）」
甲「此の外道。わいどんが酒を飲むに奴等の指図をうくるか。奴がふねは何艦か、何艦か」
乙「汝は何艦だ」
甲「わいどんの艦名を奴等にかたるものか」
乙「なに此の薩摩方め、ぐづぐづぬかしやがるな」
甲「え、此の外道め」（後編一一二頁）

と、取っ組み合いが始まる。すると、いろいろな部屋からやじ馬が顔を出して「おだて半分仲裁半分」（後編一一二頁）で楼中が大騒ぎになる。番頭が仲裁に入るが「生意気に軍人の喧嘩に口挟だしやがって」（後編一一三頁）と逆に殴られる始末。最後は娼妓二人がそれぞれ軍人を部屋に引きずりこんで、ようやく収まった、というものである。
海軍兵がいろいろな地域から集まっていること、艦船ごとのプライドを持っていること、軍人以外に対して威圧的な態度を取りがちであることなど、当時の雰囲気をよく示すような場面となっている。ただ何度も言うが、これは作者の認識であって、事実かどうかは別問題である。そうした点は斟酌しておかねばならない。

横須賀の賃貸事情

『横須賀繁昌記』には「下宿屋」という項目もあり、旅人向けの宿ではなく、横須賀に居留する人びとが借りる部屋についての描写もある。当時の横須賀は流入する人口に対して住環境の整備が追いついておらず、一室に複数名が下宿するような状況だった。

軍人職工の寄宿の如きは紙屋筆屋書籍店《ほんや》の二階、酒や魚や八百屋の座敷、同気相求め、類は友を以て集まるならひ、二三の仲間、焼芋屋に寓し、五六の同夥《なかま》、麵包店《ぱんや》に宿す（中略）畢竟するに、是れ本港数十の下宿屋あるも、数千の職工、数千の軍人をなかなか容るるに適当する能わず。或は新開の場所とて諸物価の頗る高直なるがため、到底薄給の人々は独立世帯を持し難き事情より、茲に至れる所以なり。これ貸すものに利にして借るものに便なり合併世帯、止むを得ざるものか。（六四―六五頁）

こうした状況を具体的に示すのが、同室に下宿する三人の掛け合いの記述である。三人は書生と職工という設定で、横須賀の開発の歴史や近年のうわさなど、話題に富む掛け合いとなっているが、ここでは家賃に不満を言う場面を挙げておく。

丙「こんなお粗末な座敷で一円五十銭とは高く取りやがるな。」

（中略）

乙「横須賀で少し好い座敷を借よと思へば、どうでも四五円出さなくちゃならないね。」

丙「真実《ほんと》に馬鹿らしいね。丸で家主の奉公をしている様なものだ。地主家主等は店子の貧乏人を泣かせて許りいやがって贅沢三昧しているが、貧乏人則ち我々労働社会程《なかま》、今の世の中につまらぬものはないね。」

甲・乙「そら亦泣き言がはじまった。もーよしたまえ、よしたまえ。そろそろ散歩にでかけようじゃないか。」

（六八—六九頁）

造船所の開設以後、発展を続ける横須賀では、確かに「紳士」に位置づくような人びとを呼び寄せ、また生み出した。ただ、その一方で横須賀の繁栄を支えたのは、この引用の丙がいう「労働社会《なかま》」だった。横須賀の都市人口の圧倒的多数を占めた彼らこそが、旅行者たちの驚いた横須賀の賑わいの中心にいたのである。

都市のまなざし

労働社会の視線

前節の最後に紹介した『横須賀繁昌記』のなかで高い家賃を嘆いていた下宿屋の三人は、気晴らしに散歩に出かけていた。いわば横須賀のフラヌールである。とはいえ、三人の一人が「横須賀は横須賀だけだな。一遍ぐるりと廻りゃ、狭いから直ぐ鼻を突くね」（六六頁）と言っており、廻る範囲は限られていた。都市の賑わいをただ感じるための散歩もあっただろうが、食事をとりに店に入り、また時には寄席か劇場か大弓場か、はたまた風呂屋か、そうした賑わいの場所に繰り出すこともあっただろう。

『横須賀繁昌記』の記事を繰っていくと、こうした場所に対する特定の視線を感じざるを得ない。たとえば大弓場の人気の背景にある思想として、次のように述べられる。

忠君護国も身体強壮にあらざれば竭《つ》くす能わず（中略）是の故に商人も職工も学者も書生も兵隊も車夫も馬丁も役人も皆各々、身体強健ならざればその本分を竭くす能わず（後編二九―三〇頁）

確認せねばならないのは、忠君護国のために強い身体を持たねばならない者たちの範囲が、男性という枠組みの内側にあるということである。先の三人の掛け合いに登場した「労働社会」も、男性労働者の「社会《なかま》」であった。こうした「社会」が視線を向けるその先には、「社会」の外側に配置された女性たちがいた。

寄席で常に人気なのは「女義太夫、娘手踊り」で、「渋面の落語家、講演史〔ママ〕」にはあまり人が入らないとある（後編二五頁）。その理由は「畢竟、芸其れ之れに非らずして、夫れ之れ彼れにあるなり」（後編二五頁）と述べられる。芸の云々ではなく「彼れ」、すなわち客が男性だからである、というのである。寄席に集まる男性「社会」が求めるのは、女性が演者となった「女義太夫、娘手踊り」であった。

劇場でも同様の視線が演者に投げかけられる。『横須賀繁昌記』にはちょっとした演劇論が展開されており、日本では「女芝居」が「男芝居より一段卑きものの様に思い居る」（後編二〇頁）点を問題視し、欧米の演劇界のように、女性の演技を正当に評価すべきであり、「女芝居」を奨励すべきと説かれる。当時、高まりをみせていた演劇改良運動に掉《さお》さすものといってよいだろう。こうしたなかで横須賀の演劇はと言えば、「本港の如きは、大に女権を尊び野郎を卑み、女ならでは夜の明けぬ場所にて、女芝居の流行する、女俳優の贔屓《ひいき》ある」（後編二一二頁）とあって、「女芝居」は流行しており、演者のファンも登場していた。

ただ、演劇が適切に理解されていたかと言えば、正直なところ怪しい。

　通いつめかけて見物する人々は、其の歌を聴て聞くにあらず、其の面の醜美に心を帰し、其の舞を視て見るにあらず、其の腰の肥瘦《ひそう》に眼を注ぐのみ。畢竟するに、斯《か》く演劇の流行する、斯く女優《おんなやくしゃ》の贔屓《ひいき》あるは、是れ其の技を好み其の観を愛するためなるか、抑《そもそ》も亦、助倍《すけばい》〔＝すけべ〕野郎の多きがためなるか、否な否な繁昌の影響あらん。　（後編二一二―二一三頁）

このように、横須賀の都市社会の内部には、明らかに「見る―見られる」の非対称な関係が成立していた。物価の高い都市のなかで満足な住環境を得られず不満を漏らす労働者の「社会」は、そのはけ口の一端を都市の賑わいに埋め込まれた「性」に求めたのである。

こうした非対称な関係がもっとも現出する場が、貸座敷の集まる大瀧町であったことは間違いない。大瀧町の遊廓は造船所建設と同時に設置されており、その歴史は都市の歴史と重なる。もっとも、大瀧町は遊廓だけではなく、料理屋の「一力亭」、大弓・楊弓を扱

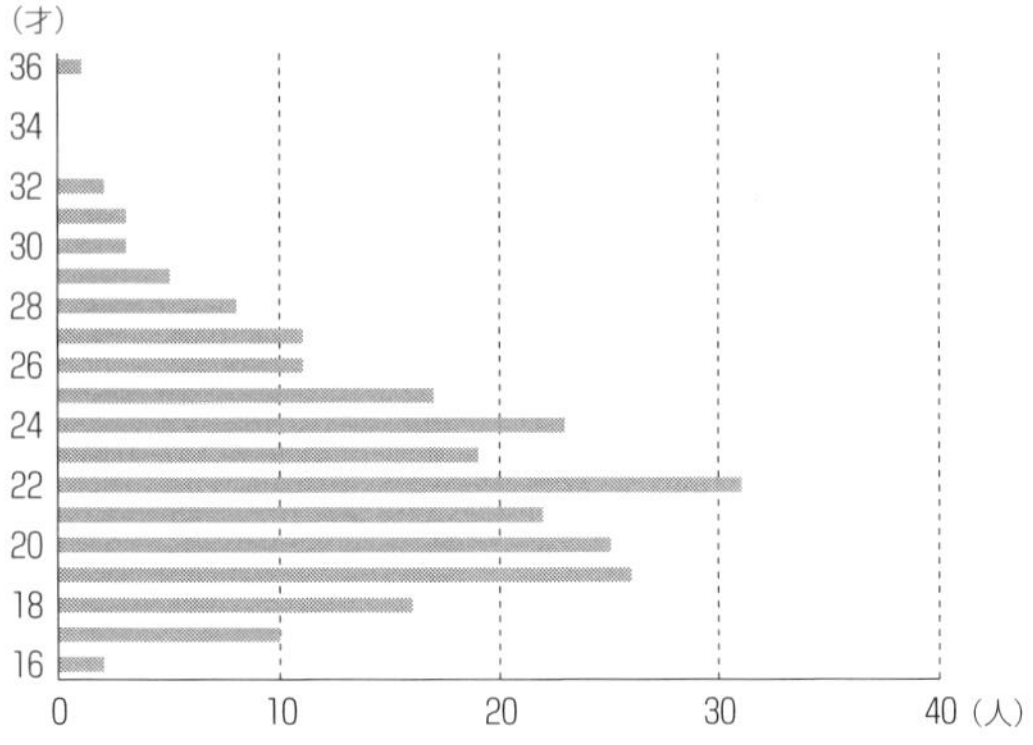

図9　明治19年における大瀧町娼妓の年齢構成
『横須賀浦賀花のしるべ』（1886）により作成.

う「東亭」、また風呂屋の「瀧の湯」など、各種の店も集まっていた。また、海岸部の埋め立て地では見世物興行などもおこなわれていた。

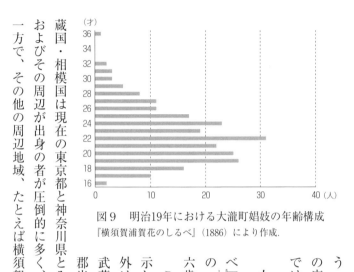

大瀧町の娼妓

『横須賀繁昌記』の二年前に刊行された『横須賀浦賀花のしるべ』には大瀧町の一八の貸座敷に属する二三五人の娼《しょう》妓《ぎ》が紹介されている。年齢は一六歳から三六歳までで、一九～二四歳頃が多い（図9）。

こうした娼妓たちがどこからやってきたのかを示したのが表12である。資料に東京府と大阪府以外は旧国名で示されているので、それに従った。武蔵国出身の郡名をみると、現埼玉県に位置する郡出身のものは含まれていないため、東京府・武蔵国・相模国は現在の東京都と神奈川県とみてよい。基本的には横須賀と東京を結ぶ地域およびその周辺が出身の者が圧倒的に多く、近傍出身の者がやってきていたことがわかる。一方で、その他の周辺地域、たとえば横須賀にとって対岸にあたる下総国や安房国といった地域、もしくは伊豆国や駿河国といった西部の地域からはそれほど集まっていない。

一点注意しないといけないのは、相模国のうち横須賀が出身となっている一三人である。彼女たちの多くは、記載からみて本来の出身地ではなく身売り先が記載されていると思われる。とは言え、こうした者を除いても近隣地区が多い状況には変わりない。

ただし、伊勢国出身が二六人、河内国・大阪府・摂津国を合わせると一一人となっており、特定の遠隔地から一定数が横須賀の娼妓となっていることも見逃せない。また数は少ないものの、その他の関東地方以外の出身者もいたことが確認できる。

こうした地方出身者の所属する貸座敷をみてみると、同郷の者が同じ妓楼《ぎろう》にいることが比較的多い。たとえば伊勢国出身者二六人のうち、A楼には七人、B楼には五人、C楼に

表12　大瀧町娼妓の出身地（明治19年〔1886〕）

出身国・府名	娼妓数（人）
東京府	84
武蔵国	51
相模国	40
伊勢国	26
河内国	6
大阪府	4
駿河国	4
尾張国	4
下総国	3
越後国	2
甲斐国	2
遠江国	2
安房国	1
伊豆国	1
上野国	1
上総国	1
摂津国	1
美濃国	1
大和国	1
計	235

『横須賀浦賀花のしるべ』（1886）により作成．

は四人といったように、複数名が同一貸座敷に所属している。また、河内国出身の六人のうち五人、駿河国の四人のうち三人が、それぞれ同じ貸座敷に所属している。

いずれにせよ、横須賀大瀧町の遊廓では、横須賀〜東京地域を中心としながらも、各地から集められた娼妓が働いていた。

柏木田の娼妓

実は、横須賀の遊廓は、『横須賀繁昌記』の刊行された翌年にあたる明治二二年（一八八九）六月に、大瀧町から郊外の公郷《くごう》柏木田《かしわぎだ》へ移転する。その原因は明治二一年一二月の大火で焼失したことを契機とすると言われており、柏木田の「田圃《たんぼ》埋立完成と共に」（横須賀市一九一五、二六一頁）移転したという。大瀧町は貸座敷のみならず、その他の店も混在する一角だったが、柏木田に移ったことで「純然たる一廓をなす」（福良一八九七、一三頁）状況となった。

柏木田に移って間もない明治二五年、『花柳細見　三浦迺芳妓《みうらのはぎ》』が刊行されている。ここには、大瀧町時代のデータと比較できる情報がみえる。たとえば貸座敷数は一八で同じだが、そのうち名前が同じなのは一五で、三つは変わっている。ただし、そのうち一軒は楼主自体の変更はなく、名称も漢字表記の違いレベルであり、もう一軒も楼主は変更しているが継承関係が想定できる。全体として、移転に際して貸座敷自体の大きな変化はなかったと言えるだろう。

娼妓数は二五四人で明治一九年よりも増加している。年齢構成は一七歳から三五歳で大きな違いは認められない（図10）。ただし、二〇歳ならびに二一歳の人数が極端に多くなっている。明治一九年段階から六年経っていることをふまえ、明治一九年の年齢層に六を加えた上で明治二五年と比較すると、二三歳までは明治二五年の数値が多く、二四歳で同数となり、二五歳以降は明治一九年の人数の方が多くなる。年齢の算出法がやや不分明なため厳密ではないものの、年齢による入所数と退所数の境界が二〇代前半であることは間違いない。年齢構成の変化からみると、一〇代後半にやってきて二〇代前半を中心に娼妓として暮らし、二〇代後半に離れていくというのが当時の横須賀の一般的な娼妓像と言えそうである。ただし、今回利用した二つの資料の間には火災と移転という二つの大きな外的要因があり、それを契機に離れることもあっただろう。

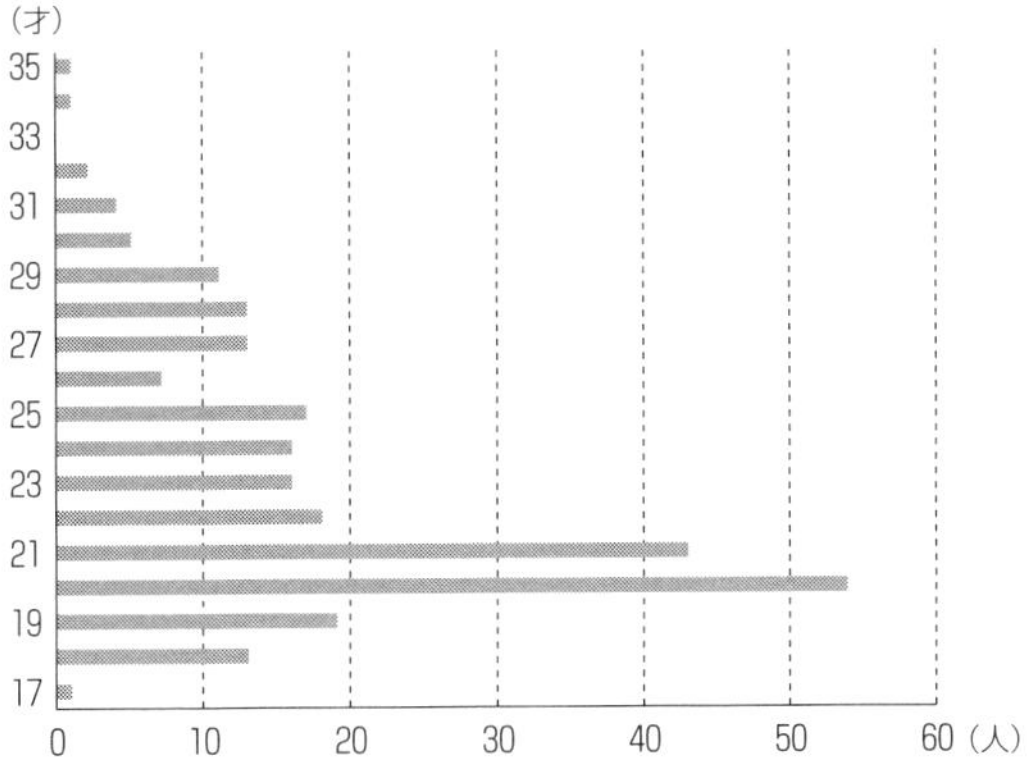

図10　明治25年における柏木田娼妓の年齢構成
『花柳細見　三浦廼芳妓』(1892) により作成.

表13　柏木田娼妓の出身地（明治25年）

出身国・府名	娼妓数（人）
三重県	66
東京市	43
岐阜県	33
和歌山県	24
神奈川県	23
愛知県	14
福井県	5
新潟県	4
埼玉県	3
滋賀県	3
静岡県	3
東京府	3
大阪市	2
千葉県	2
栃木県	2
広島県	2
楼主同居	2
石川県	1
京都府	1
群馬県	1
兵庫県	1
山梨県	1
原籍不明	15
計	254

『花柳細見　三浦迺芳妓』（1892）により作成.

また、こうした傾向はあくまでも娼妓人口といった数値上の話である。実際の個人レベルでとらえてみると、六年の間の娼妓の入れ替わりは激しい。明治一九年に名前のあった二三五人のうち、明治二五年段階も娼妓として確認できるのは、わずかに一六人であり、全体の七パーセント弱にすぎない。それ以外の者たちは六年の間に貸座敷から離れたということになる。そうした者たちのその後について追える史料は残念ながらない。

次に、明治二五年時点の娼妓の出身地を確認してみよう（表13）。するとまず、明治一九年に確認できた横須賀と東京を結ぶ地域の出身者が引き続き多く、近隣からの娼妓供給が続いていたことがわかる。

しかし、そうした東京・神奈川を合わせた人数と同数が、三重県出身者となっており、遠隔地出身の者が増加している。明治一九年段階でも一定の三重県（伊勢国）出身の娼妓がおり、特定の貸座敷に偏って在籍していたが、明治二五年になると、より多くの貸座敷に三重県出身者が入り、また多数の同郷者を抱える貸座敷も、その多くは明治一九年とは異なる傾向を見せる（表14）。たとえばB楼は引き続き三重県出身者を集めているが、A楼はそうした傾向を持たなくなる。またI楼のように明治一九年はわずかだったにもかかわらず、明治二五年には多くの三重県出身者を抱えるようになっている貸座敷もある。

三重県以外にも遠隔地の増加として岐阜県と和歌山県をあげることができる。岐阜県（美濃国）出身者の場合、明治一九年には一人しかいなかったが、明治二五年には三三人

表14　三重県（伊勢国）出身の娼妓数

（人）

貸座敷	明治19年	明治25年
A	7	0
B	5	14
C	4	1
D	3	—
E	3	11
F	3	0
G	1	—
H	1	0
I	1	9
J	0	5
K	0	2
L	0	2
M	0	1
N	0	1
O	—	15
P	—	5

注：DとGは明治25年にはなく，OとPは明治19年にはなかった．
『横須賀浦賀花のしるべ』（1886）・『花柳細見　三浦遊芳妓』（1892）により作成．

となっている。和歌山県出身者も、明治一九年には〇人だったにもかかわらず、明治二五年には二六人と急増している。

岐阜県出身者と和歌山県出身者についてみれば、E楼やO楼は和歌山県出身者も多く受け入れているが、岐阜県出身者はいない。反対にH楼は岐阜県出身者が多く、また表14に表れない（つまり三重県（伊勢国）出身者を有していない）Q楼は岐阜県出身者を一一人抱えている。

このように、貸座敷ごとの特徴をみて取ることができるが、二時点を比較すると、常に同じ場所から集めるといった状況ではないことがここでも確認できる。それは、たとえば明治一九年には一定数いた大阪市出身者が、明治二五年には一人のみとなっており、明らかに減少しているといったことからも言えるだろう。

こうした娼妓の出身地の変化がなぜ起こったのかを確認できる十分な史料はない。そこには貸座敷側の理由と同時に、娼妓を輩出する地域側の時期ごとの理由もあったことだろう。また一人が入れば、同郷ということで同じ貸座敷に入る、といったある種の呼び寄せ効果もあったかもしれない。遠隔地の場合、仲介人の動向の可能性も考慮に入れる必要がある。

娼妓の位置

ここで、再び『横須賀繁昌記』の記述を利用してみよう。貸座敷の項目には、前節でみた海軍兵どうしの喧嘩の様子以外にも多くの描写がある。ここでは娼妓についての記述をいくつかみていきたい。

昔も今も此の里は、かなしき人の捨どころ、朝に筑紫の人をおくり、夕に東都《あづま》の客をむかえ、夜ごと日ごとの仇まくら、泣いて嬉しきことはなく、笑ふてつらき苦界の身（後略）　（後編一一頁）

「捨てどころ」とされた貸座敷に、いかに広範囲から若い女性がおくられてきたか、私たちはすでに確認した。筑紫や東都の客とはさまざまな地域の客の形容にもみえるが、そこには「筑紫」「東都」（吾妻）といった軍艦の名前が掛けられていることには注意したい。横須賀の貸座敷の主たる客層が海軍兵であり、娼妓たちはさまざまな艦の乗組員たちの相手をしていたことが示される。

たとえ恋仲になったとしても、船上勤務の常なる海軍兵は常に横須賀にいるわけではない。そうした状況を想定した二人の会話が綴られている。

男「早、当港へ来りしより足かけ五年、卿《きみ》に親しみ、約を契りて殆ど三年、其の間、筑紫で春を迎ふるあれば、亦浪速江で夏を過ぎ、年々津々で日を暮し、歳々浦々で月を眺め、片時も卿を忘るるなく（後略）」

女「(前略) 若し郎《きみ》が航海中、那《な》のノルマントンや畝傍の様に行方知れずなったなら、浮かぶ瀬もなき嘆きにて (中略) 少しは妾《わらわ》の心中を推したべ」

(後編一四―一六頁)

ノルマントン号と軍艦「畝傍」はいずれも明治一九年 (一八八六) に沈没ないし行方不明になり、日本では大きな話題となっていた。特に海軍兵も多く乗船していた「畝傍」の行方不明事件は横須賀に衝撃を与えており、『横須賀繁昌記』のほかの箇所でも取り上げられている。待つ身の娼妓にとって、こうした事件を聞くたびに気が気ではなかったのだろう。心中を察せよと海軍兵に懇願する。ここからドラマのような愛憎劇が展開するかと思いきや、そこは繁昌記、やや説明口調で横須賀の娼妓の実態が語られる。

男「それはもー、お互いに年のあくをの待つ許《ばか》りで、そんなに心配しなさんな。病にでもなっちゃ大変だから」

女「そりゃそうだけれども心配せずに居られるものオ。併《しか》し追々身も軽くなり、放期《ねんき》も已に縮まり、贖《あがな》はなくても脱籍《みぬけ》ができるから、少しは安心さね。」

男「それは豪気《ごうき》さ。勤め中に前借金が全くなくなり、身請金もなく脱籍ができる処《ところ》は日本国中どこにもあるまい。此の横須賀だけだろう。よく繁昌するからね。」

(後編一六―一七頁)

横須賀の貸座敷はよく繁昌しているため、娼妓は前借金を完済し、身請金を支払う（支払ってもらう）ことなく、貸座敷から籍を抜くことができるという。

娼妓の目線

ここに紹介した話はあくまでも『横須賀繁昌記』中のエピソードである。もちろん、実際に海軍兵と娼妓が本当の恋中になった場合もあったであろうし、そう思わせておいた場合もあったであろう。特定の個人というのではなく、一般論という意味で、娼妓たちは海軍兵をどのように思っていたのだろうか。そうしたことを想像させる文章も『横須賀繁昌記』にみえる。それは風呂屋での娼妓たちの会話の一コマである。

女1「那《な》の武官の客はむやみに威張って媚《こび》を求め、粗暴やたらに髭面を押つけ、頸を抱え股を探り、其濃着なること厭《いと》うべし（後略）」

女2「だが大姐《ねえさん》、一体武官は粗暴と雖《いえど》も多くは迂闊《うかつ》、却《かえ》ってこれ欺《あざむ》き易く奪い易し。仮令《たとえ》俸給は文官より稍《や》や減すれとも、免職の憂なきはまた安心ならずや。」

女3「否々、武官は誠に恃《たの》み難し。常に多情《うわき》にして心変り易く（後略）」

（後編三七―三九頁）

こうした語りからは、好むと好まざるとにかかわらず相手をせねばならない娼妓たちのやるせなさやうっ憤、そしてしたたかさといったさまざまな局面をとらえることができる。

決して単一の像には結べない娼妓たちの多様な側面は、『花柳細見　三浦酒芳妓』の娼妓の紹介に添えられた歌のなかにも見え隠れする。いちいち解説する野暮は避け、ただその言の葉に耳を傾けよう。

金の鎖で捕縛をされて　見世へすわった赤い衣《べべ》　（賑）
お客取には手管《てくだ》が大事　泣て笑って舌を出す　（九重）
恥かしひよと両袖面へ　当《あ》てて舌出し笑ひ顔　（高篠）
儘《まま》にならない浮世といへど　いやな奴ほど金がある　（司）
主の心はしっかり知れぬ　有か無かと振る徳利《とつくり》　（松島）
碇のおろせぬお前の浮気　妾《わた》〔姑〕しや心にかかり船　（静波）
早く勤めの苦界をのがれ　しうと勤めがして見たい　（久方）

二重の拘束

先に横須賀の人口をとらえた際、男女の差が大きいことが特徴だと指摘した。それは造船所の建設から都市が始まり、海軍が設置されたことで発展した横須賀ならではのことであった。そうした中で都市の発展の初期から据えられたのが性産業であった。その意味で、ここでみた娼妓たちは、海軍兵や職工と並び、当時の横須賀を語るに不可欠な存在である。とは言え、少ない史料のなかで、娼妓たちの実態を知るのはあまりにも難しい。ここで紹介したのも、ほんの一端にすぎないだろう。

ただし、最後に改めて確認せねばならないのは、語りの主が誰であったかという点である。『横須賀繁昌記』の作者はすでに触れたように、東京から横須賀に移り住んだ井上三郎（鴨西居士）であった。本章で引用した会話も含め、描き出された横須賀は井上というフィルターを通した世界であり、あくまでも井上の筆によるものである。娼妓らの多様な側面といっても、それは男性のまなざしでとらえたそれにすぎず、多様なようでいて実は一つの幻想でしかない。実は、娼妓らは何も語っていないのである。

『花柳細見　三浦涵芳妓』は痴柳子《ちりゅうし》の序、奔蝶子《ほんちょうし》の校閲、楽花生の編纂となっている。このうち、楽花生とは豊島村に住む士族、榾山寿雄であることが本の奥付から確認できる。士族といっても、たとえばまさに『花柳細見　三浦涵芳妓』にあるように、士族の家を出た娘が娼妓になっている場合も確認できるため、すべての士族が順風な生活を送っていたわけではない。しかし、少なくとも榾山が貸座敷に出入りする程度の余裕ある暮らしをしていたことは間違いないだろう。残りの二人も名前からして遊廓に遊ぶ者たちである。そして、先に娼妓たちの歌として紹介したものは、痴柳子の序によれば「各芳妓の品行、心意気等に就き諷評したる情歌」（序三頁）だという。そうであれば、これらは娼妓が自ら詠んだものではなく、楽花生らによる作であり、ここでも娼妓らが声を出すことはなかったことになる。

こうしてみると、明治中期の娼妓たちは二重の意味で自由を奪われていた。一つは身体の自由であり、一つは表現の自由である。娼妓らは表現する機会が与えられぬまま、「見る―見られる」関係の片側に強制的に押し込められていたことになる。

ここで紹介した資料の引用が示す内容が実態と著しく乖離していたわけではないかもしれない。しかし、「見る―見られる」の非対称な関係のなかで生きた娼妓が、実は客を「見返す」こともあったのだ、というストーリーを、そのまま採用するのは難しい。そこには男性（社会《なかま》）の抱く幻想、ある種のオリエンタリズムがひそんでいる。娼妓の語りという形を借りて彼らが作りあげたのは、彼らが望むエデンでしかなかった。都市社会の表舞台に生きた者たちが描いたセルフポートレート。そこには表も裏も描かれているようでいて、その実、裏側の色付けは表側から染み込ませたものでしかなかった。ここで紹介した作品にみえた横須賀は、そうした技法で塗りこめられた都市であった。

軍港都市と観光

戦前の舞鶴

軍港都市舞鶴の地域資源

軍港都市の形成

京都府の舞鶴《まいづる》に鎮守府《ちんじゅふ》が設置されたのは、明治三四年（一九〇一）のことであった。設置前に作られた計画図の「余部鎮守府附近新市街地平面図」（図11）には、鎮守府設置前の東舞鶴地区（新舞鶴）の集落や道路が表現されると同時に、鎮守府設置にともなう新市街地の計画が朱書きされており、鎮守府設置前後の変化を知ることができる。

設置以前の状況をみてみると、河口の地形に沿った道路が形成され、家屋も道路に従って建てられているため、方向の規則性などはなく、自然発生的に成立した集落だったことがわかる。それに対して、新たな都市計画は既存の道路や流路を完全に無視する形で、埋め立てや切り下げによって土地の高低の調整をおこない、河川の付け替えと方格状の街路

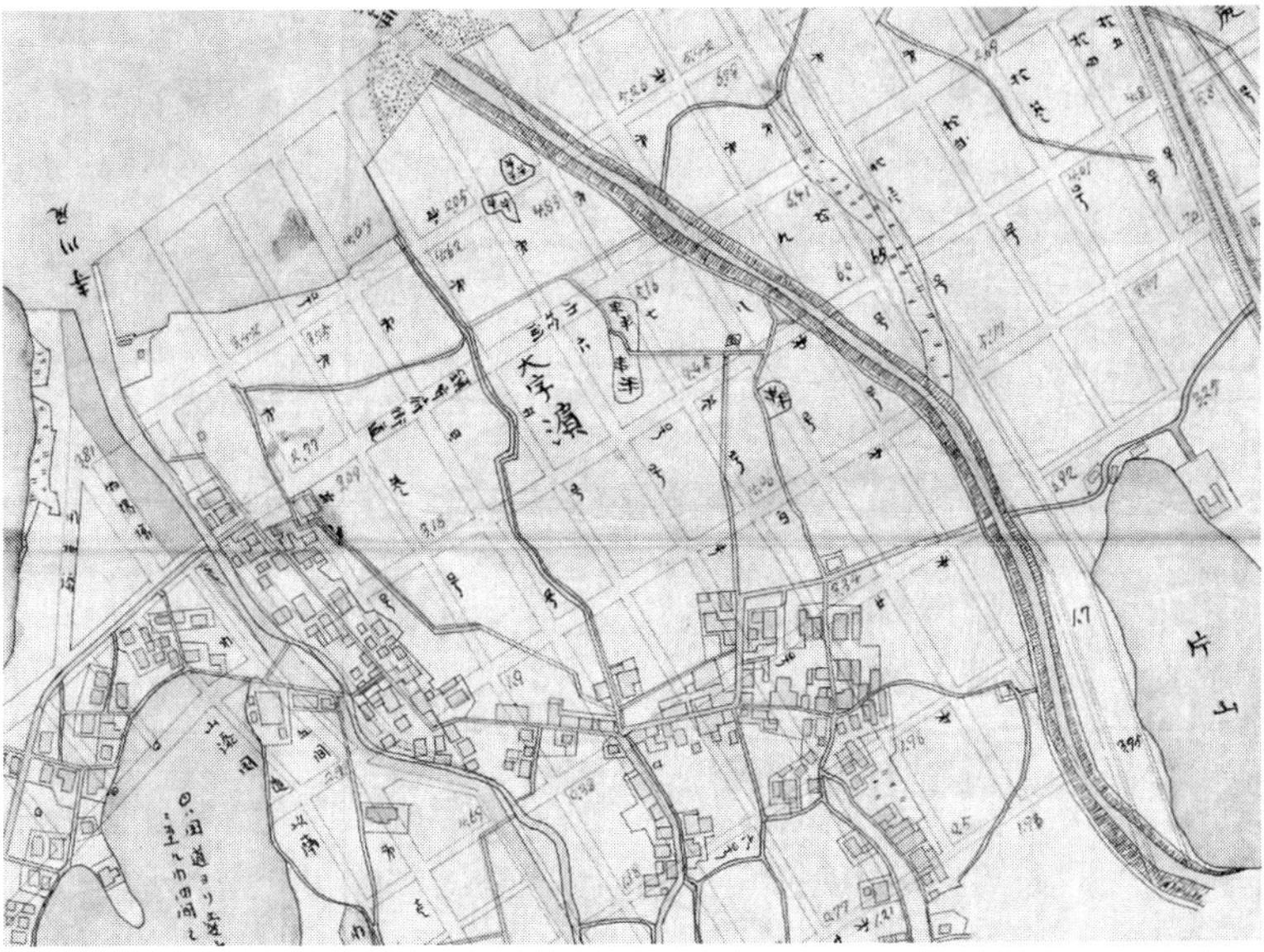

図11　「余部鎮守府附近新市街地平面図」（部分）（明治34年以前）

所蔵：舞鶴市

濃い線（原図では黒線）で表現されるのは地図作製当時の様子で，自然発生的な集落となっていたことがわかる．一方，薄い線（原図では朱線）は新たな都市計画を示している．既存の景観を一新する大規模な改変が計画され，そして実際に実施された．

敷設を計画した。図11にみえる方格街路は現在の東舞鶴市街とおおよそ一致しており、この図にみえる都市計画が基本的に実践されたことになる。

なお、この地図には街路の名称が記されていないが、実際に敷設された街路のうち、市街地中心の南北（北西―南東）路には一条通から九条通までのナンバリングで名称がつけられ、それ以外の南北路や東西（北東―南西）路については、海軍が保有していた艦船名がつけられている。それは今も使い続けられており、JR東舞鶴駅から海岸に向かって三条通を北上した時、交差するのは「三笠《みかさ》通」「初瀬《はつせ》通」「朝日《あさひ》通」「敷島《しきしま》通」「八島《やしま》通」「大《おお》門《もん》通」「富士《ふじ》通」となる。大門だけは戦艦名ではなく鎮守府の東門を意味しており、鎮守府に通じる幹線路として位置づけられていた。いずれにしても海軍ゆかりの都市ということが強く意識させられる通り名となっている。

さて、明治四四年に刊行された軍港都市舞鶴（新舞鶴）にとって初めてのガイドブック『新舞鶴案内記《しんまいづるあんないき》』には、「此地近く十数年前までは寒烟蕭條《かんえんしょうじょう》たる一僻村に過ぎず一望水田蘆洲漠々たりし処」であったのが、鎮守府設置とともに発達し、「最新興の市街にして今や鱗甍紛壁の盛観を呈す」状況となったと説明されている（一頁）。ここに示されるある種の感慨は、図11のような大規模な改変を経ることで達成されたということになる。

新興都市であるということは、裏を返すと、都市としての歴史に乏しく、観光に寄与する資源としての遺産に欠けるということでもある。新舞鶴の場合は、付近に中世から隆盛していた三十三所観音巡礼の第二九番札所である松尾寺《まつのおでら》があり、軍港設置以前から巡礼地として信仰を集めていた。江戸時代の巡礼や参詣の旅は遊山《ゆさん》、今でいう観光要素を多分に含んだものとなっており、その意味で松尾寺も観光地として位置づけられるわけだが、新舞鶴やその近郊には、それ以外に目立った観光資源は存在しなかった。しかも、新舞鶴の社寺のなかには軍港都市の整備にともなって場所の移転を余儀なくされるなど、近代に入って大きな変化を経験したものもある。その点でも社寺が名所として認定されにくい状況となっていた。

実際、先述の『新舞鶴案内記』をみても、松尾寺については「松尾寺参詣案内」という特別の項目がたてられ、由緒や本尊、建物などのほか新舞鶴駅からの行き方が説明されている一方で、その他の社寺は「神社」「寺院」の項目の中で概略的な記述にとどまっていた。

新興都市の名勝旧跡

こうした新興都市ならではの特徴は、その他の歴史文化を活かした地域観光資源の内容にも表れる。表15は『新舞鶴案内記』にある「名勝旧跡」の掲載項目を挙げたものだが、地域を売り出していくための資源として、歴史的な側面を強調できるものが少ないことに気がつく。

表15 『新舞鶴案内記』にみえる「名勝旧跡」

名前	備考
1 枯木浦	新舞鶴海浜一帯の旧称
2 浮　島	海岸にある小山．以前は島
3 古城址	記録にあるが，所在不明
4 海水浴	五条通以東一帯．夏は人が多く訪れる
5 桃　山	倉橋村の桃樹を植えた小丘．春の遊山客多し
6 四面山忠魂碑	四面山に明治42年建設
7 第二十一艇隊紀功碑	千歳橋のたもとに明治40年建設

『新舞鶴案内記』（1911）より作成．

たとえば旧跡たる「古城址」は所在不明で、観光資源としては利用できないものであった。また、「枯木浦」も丹後風土記にみえる旧称という説明だけで、具体的な場所が比定されるわけではない。

一方、「浮島」は島であったが、鎮守府設置前から土砂堆積によって陸地化していた。それでも浮島の眺めは美しく、「風光優雅一服の小品画を見る如し」（三二頁）と、名勝としての美しさが語られている。「桃山」は新舞鶴市街地から二丁ほど離れた倉橋村字森に位置し、多くの桃樹が植えられていた。春には掛茶屋もでて賑わう様子が記される。こうした風景美については、地域観光資源として利用可能なものであった。

ただ、風景美が数多く挙げられていたわけではなく、「名勝旧跡」が豊富に確認されていたわけではなかったことは明らかである。そうしたなかでこの項目に加えられたのが、海水浴であり、記念碑であった。「海水浴」の項目

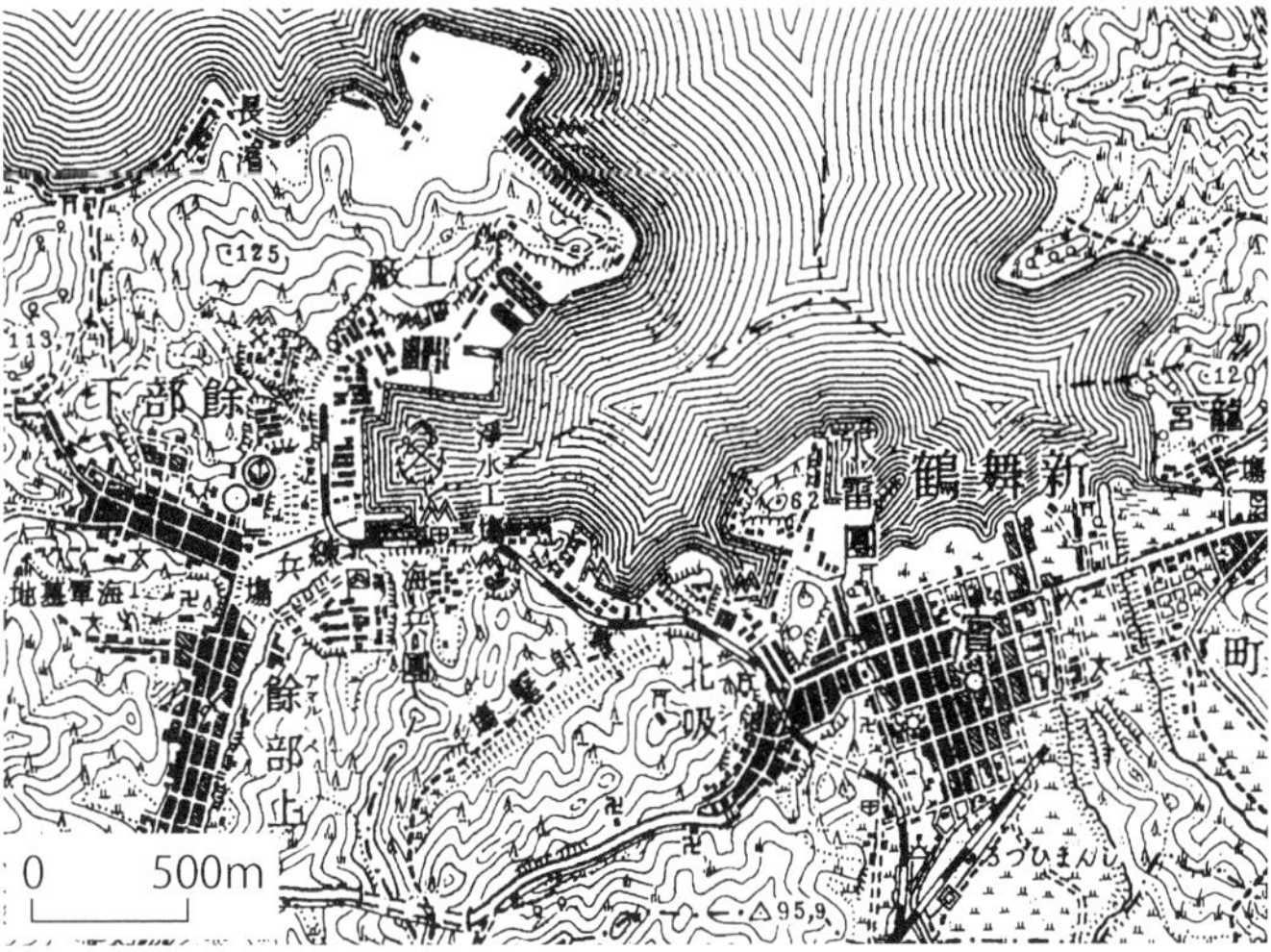

図12　５万分１地形図「舞鶴町」（部分）

明治42年（1909）陸海軍建物用地鉄道及市街補描，同44年改版

鎮守府開庁から10年ほど経った新舞鶴．北吸の海岸に海軍施設が建設され，鉄道引き込み線もできている．新舞鶴市街は方格の街路が整備され，すでに建物が密集するようになっていた．ただ，市街北側の海岸部はまだ開発されていない．

には次のように記載されている。

　新舞鶴五条通以東一帯の海汀、遠浅にして水清く波静かにして最も遊客に適す、盛夏午時頗る雑踏し水上警察特に端舟《たんしゆう》を派し万一を警戒す　（三二一頁）

図11の計画図では市街地の海岸部はすべて埋め立てられるように計画されていたが、明治四二年（一九〇九）作製の地形図をみると（図12）、市街地全面の海浜部はまだ開発以前の状態となっていた。海水浴の説明中にある五条通とは、図12の右側にある「濱」という地名表記のす

ぐ左を通過する南北（北西―南東方向）の街路である。新市街地のすぐ目の前の海岸で海水浴が楽しまれていたことになる。

なお、この海水浴場は次の章で取り上げる吉田初三郎の『舞鶴図絵』（大正一三年〔一九一四〕）では記載されなくなっている。そのころまでには埋め立てが進み、自然の海岸線は失われていた。よって、市街地の目の前で海水浴が楽しめたのは『新舞鶴案内記』以降、それほど長い期間だったわけではない。また、そもそも海水浴場が「名勝旧跡」の範疇に入るのか、といえば、やや首をひねらざるを得ない。先に引用した文章のなかにも穏やかな遠浅の海であることが示されるが、それはやはり、風景美としての記述というよりも、海水浴の適地としての記述である。

「名勝旧跡」の項目には、「四面山忠魂碑《しめんざんちゅうこんひ》」と「第二十一艇隊紀功碑《きこうひ》」の二つの記念碑もあげられている。忠魂碑については「加佐郡東部の戦死者英霊を祀る」もので明治四二年の建立、紀功碑は日露戦争にて戦死した舞鶴軍港所属の第二一艇隊の一六名を祀ったもので明治四〇年の建立である。舞鶴鎮守府の初代司令長官で、日露戦争時の連合艦隊司令長官であった東郷平八郎《とうごうへいはちろう》の揮毫《きごう》となっている。海軍、そして舞鶴鎮守府にとっても重要な戦争となった日露戦争の戦没者を東郷の揮毫によって祀る意義は強く認められていただろう。軍港都市舞鶴にとって、語りつぐべき事績であったことは確かである。

ただ、こうした記念碑は（もっとも新しい）旧跡というよりも、むしろ名勝的な位置づけでここに組み込まれていたようにも思われる。というのも、たとえば忠魂碑の説明では、立地している四面山が「山頂稍《やや》平坦、俯瞰すれば市街の鱗甍、港湾の緑波を一眸に収め眺望甚だ絶佳なり」とあり、また「碑側桜楓樹数百株を栽ゆ、春秋の候亦見るべし」と、周辺環境の良さが述べられている（三二一―三二二頁）。また紀功碑においても「碑前に樹を栽え亭を設け幽趣掬すべし」（三二二頁）とあって、周辺が整備されている状況が伝えられる。

軍港案内

このように、新興都市である新舞鶴には地域を売り出すための地域資源が必ずしも豊富ではなかった。そうしたなかで、『新舞鶴案内記』で特筆されている一つが西国巡礼の札所寺院の松尾寺であったが、それ以外にもう一つ特筆されているものがある。それこそが軍港そのものであった。『新舞鶴案内記』には「舞鶴軍港案内」として特別の章が設けられ、鎮守府をはじめ舞鶴海軍内の各施設についての説明や、艦船に関するデータが掲載されている。これらは海軍や工廠《こうしょう》に関する情報それ自体が広報するに足る資源となっていたことを示す。

一例として舞鶴海軍工廠に関する記述をみておこう。当時の雰囲気を味わうために、一部の旧漢字や句読点を除いて原文に従っている。

艦船及兵器の製造、修理及び艤装《ぎそう》並に兵器の保管、供給及び艦営需品の調弁、供給を管掌す。廠門を入れば鉄柱、石煉瓦造の庁舎、工場、倉庫等幾十棟の建物は左右に並立し、林の如き煙突より盛んに吐出する煤煙《ばいえん》は濛々《もうもう》として天を掩《おお》ひ、機械の回転する音響は轟々《ごうごう》として耳を聾《ろう》さんとし、鍛工、木工、電気、製図等数千の職工は流汗淋《りゅうかんりん》漓《り》活動するを見る。蓋《けだ》し規模の宏大、設備の完整せる聳目駭心《しょうもくがいしん》に値すべきもの多々あらん。（以下略）　（後編五頁）

一文目は工廠の説明だが、そこにある「艤装」とは、船体完成後に各種設備を取り付ける工程のことである。そして、二文目はとても長い文章となっているが、工廠の風景が描写される。

工廠の門をくぐると、煉瓦造の建物が左右に並立する姿が現れる。前章の横須賀でも同じような表現を確認したが、天を覆う煤煙と、工場内の機械から漏れる轟音とあって、現在的な感覚からすれば歓迎できそうにない環境である。ただ、そうした現在を持ち込むことは好ましくない。近代化の進む時代にあって、これまでに経験したことのないようなこうした環境こそが、工業化のシンボルであり、繁栄の象徴として語られることになる。そうした繁栄を支えているのが数千の職工たちの汗であった。重厚長大といった四文字が端的に示す近代造船業の最新の設備が、わずか十数年前までは「寒烟蕭條たる一僻村」であった新舞鶴に登場したのだから、それはまさに驚くべき光景だったであろう。

もっとも、こうした工業化の様子を一般市民が間近で見ることは制限されていた。『新舞鶴案内記』には、新舞鶴の市街と舞鶴軍港との間にある門は軍人軍属、職工らに限られ、一般の入構は基本的に認められていないことも記されている。

ただし、完全に隔離されていたわけでは決してない。そのような入構制限を明示しつつも、「構内観覧手続」を経ることで軍港構内の観覧ができることが示されている。方法は、観覧者の住所・族籍・職業・氏名を明記した願書を鎮守府に提出して、観覧券の交付を受けるというもので、それ以上に難しい手続きはない。また構内の官舎についても、工廠、海兵団、水雷団、海軍病院、下士官卒集会所などは、あらかじめ各官長の承認を得ていれば、観覧が可能であった。「但し海軍々人、軍属に知己あれば可成《なるべく》其者に依頼し且つ示導者と為すを便宜とす」（後編一四頁）とあるので、速やかな手続きを望む場合は知己を頼ることが有効だったようである。

また、修学目的の団体の場合は、海兵団衛兵が案内者として付くと説明されている。軍港構内の観覧は「修学」に位置づけられるものであり、学校行事の一環で海軍見学がおこなわれることが想定されていた。この時期の実態はよくわからないが、後述するように、もう少し後の時期になると、確かに修学の一環で軍港を訪れることがあった。

要港部時代の舞鶴の風景

新たな都市像

第一次大戦後の軍縮を議論したワシントンD・Cでの会議（一九二一年一一月一二日～一九二二年二月六日）を経て採択された条約（ワシントン海軍軍縮条約）を受け、海軍の軍備が縮小されることになった。軍港都市のなかでその煽りをもっとも受けたのは舞鶴（新舞鶴）だったと言ってもいいだろう。舞鶴鎮守府の要港《ようこう》部《ぶ》への格下げが決定し、同時に舞鶴海軍工廠も海軍工作部《こうさくぶ》へと格下げされたのである。

舞鶴鎮守府・海軍工廠は大正一二年（一九二三）三月末で幕を閉じ、翌四月一日に、舞鶴要港部・海軍工作部として再出発することになった。その後、昭和一一年（一九三六）になって海軍工廠に、そして昭和一四年に海軍鎮守府へと再昇格していくまでの十数年の間、新舞鶴は「要港部時代」を過ごすことになる。他の要港部や工作部とは規模はまったく違ったが、それでも鎮守府や工廠としての地位や格を失うことは、軍港都市として誕生した新舞鶴にとって都市のアイデンティティ・クライシスとでも呼べる事態が起きたことになる。

軍備縮少！　舞鶴軍港落格!!　此の声は吾新舞鶴町民にとつては実に寝耳に水であつた。二萬の町民は愕然として、一度は色を失つた。が為すべきことは忘れなかつた。即ち上下挙つて冷静に熟議して遂に産業立町の町是を確立した。　　（『新舞鶴案内』序）

これは、まさに要港部となった大正一二年四月一日に発行された『新舞鶴案内』の序の冒頭に掲げられた一文である。鎮守府・海軍工廠の格下げは、軍人・職工を支えていた、もしくは軍人・職工に支えられていた地域経済にも深刻な影響を及ぼすことをも意味した。鎮守府設置とともに誕生し、成長してきた都市の住民たちにとって、軍縮による格下げは「色を失った」も同然だったのである。

この危機に対して、新舞鶴は軍港都市から、産業都市への転換で乗り切ろうとした。というのも、この時点で新舞鶴はすでに京都と舞鶴を結ぶ鉄道が整備されていたのに加え、日本海側を連続的に結ぶ路線網が完成し、国内の縦軸と横軸が交わる点という鉄道交通の要所となろうとしていたからである。さらに、これまで軍港として利用が厳しく制限されていた舞鶴港であったが、軍縮によってその制限が緩和され、貿易船の入港が可能となった。つまり、新舞鶴は海軍が置かれた理由である天然の良港という条件、そして海軍があることで整備された交通網という条件を最大限に活かした構造転換を図ったのである。

博覧会の開催

そのような新たな都市像をアピールする起爆剤として位置づけられたのが、要港部発足と同日の四月一日から五月一〇日までの四〇日間にわたって開催された「裏日本鉄道全通・新舞鶴開港記念博覧会」である。名称からして、鉄道と港湾によるネットワーク拠点としての新舞鶴を高らかに謳うものであった。先に引用した『新舞鶴案内』も、この博覧会の開催を記念して編まれたものであった。四〇日間の会期中、入場者総数は一七万九九八二人となり、多くの観客を集めて盛況裡に終わった。新舞鶴の新たな出発としてふさわしい賑やかさをもたらしたと言っていい。

博覧会は新舞鶴市街地の海岸部に第一会場、第二会場を設けて実施された。三府二八県に加え、北海道、朝鮮、台湾、南満州、中国など、多くの地域から全体で六万七〇〇〇点余の展示品が集められた。こうした各地の品に観客は心躍らせたわけだが、なかでもひと際、観覧客の目を引いたのが、海軍から出品された八インチ砲などの展示品であり（図13）、また特別に開放された軍港内の諸施設であった。博覧会の報告書にも、博覧会の成功は「是れ一に海軍諸施設の人気を集めしによる」（舞鶴市史編さん委員会編一九八二、九一頁）とされていた。

博覧会と海軍の関係をみておこう。博覧会の報告書には、軍艦「吾妻《あづま》」の一般観覧、大形潜水艦第三八号の内部観覧や潜水作業の実演、飛行艇の「飛翔《ひしょう》」や機雷爆発の実演といった、艦船や兵器の観覧や実演がなされたことが記されている。また、海軍は博覧会第二会場に「参考館」を出した。舞鶴市郷土資料館には館内の陳列を海軍内の各部に割り当てた図面が残されており、「造兵受持」「造船受持」「造兵兵器庫（水雷）受持」「海軍病院受持」といったように、海軍全体がこの博覧会に協力する体制になっていたことがわかる。

図13　絵はがき「裏日本鉄道全通新舞鶴開港記念博覧会」にみえる８インチ砲
所蔵：京都府立大学

　新たな都市像を模索する新舞鶴にとって、博覧会によってそのアピールに成功したことは間違いないが、一方で、軍港都市として海軍と切り離せない位置にあることが改めて浮き彫りにもなった。

海軍の絵はがき

　図13で利用したのは八枚一組の裏日本鉄道全通・新舞

図14　絵はがき「舞鶴鎮守府」(舞鶴軍港絵葉書のうち)
所蔵：京都府立大学

鶴開港記念博覧会の記念絵はがきのなかの一枚だが、こうした特定のイベントにあわせた絵はがき以外にも、新舞鶴に関する絵はがきは作られていった。当時、絵はがきは地域を伝える重要なメディアであり、地域の個性がクローズアップされて写し出されていた。そうした目でみた場合、新舞鶴はやはり軍港に関する絵はがきの多いのが特徴となる。

たとえば、帝国軍事普及会が発行した「舞鶴軍港絵葉書」と題された一二枚一組の絵はがきがある。大正七年(一九一八)から昭和八年(一九三三)の間に刊行された絵はがきの形式をしているが、舞鶴鎮守府(図14)も含まれているため、刊行は大正一二年三月以前となる。鎮守府のほかにも舞鶴海兵団本部などの主要施設や、海兵団の訓練の様子を写した写真が並ぶ。志願兵から成り立っていた海軍にとって、海軍の紹介・宣伝は兵士募集につながる重要な要素であった。施設紹介を兼ねる絵はがきセット

図15　絵はがき「軍艦吾妻　殺到スル観覧団体」
所蔵：京都府立大学

図16　絵はがき「軍艦吾妻　中学校生徒
船務実習中軍艦旗掲揚式」
所蔵：京都府立大学

は、そういった宣伝目的にも利用されたであろう。

要港部時代の絵はがきでは、たとえば軍艦「吾妻」に関する絵はがき群がある（図15・図16）。「吾妻」は日露戦争で活躍した艦船で、先に紹介した博覧会の際も一般観覧がなされていたが、それ以降も団体観覧に利用されていた。図15はそうした様子を写した一枚で、「吾妻」に乗り込むために長い列をなしている団体の様子が映し出されている。この絵はがきには「舞鶴要港　軍艦吾妻観覧記念」という文字の入ったスタンプが押されており、そうした観覧事業が実際におこなわれていたことがわかる。絵はがきは観覧者を対象とした土産品として製作されたのだろう。

同じスタンプが押された別の絵はがきをみると、「吾妻」の甲板や内部の様子が写されている。公開時には、各種の砲弾、日露戦争時に艦長だった藤井較一《ふじいこういち》大佐の戦争時着用の外套や短剣、潜水艦の兵器や潜望鏡、将官公室の写真などが飾られていたようである。

さらに、中学校生徒による「吾妻」を使った船務実習の様子が写された絵はがきもある。軍艦旗の掲揚式の場面を写したものや（図16）、船内の釣床《つりどこ》での就寝体験の様子を写したものなどがあり、実習内容は多岐にわたっていた。「吾妻」は日露戦争の栄光を宣伝する観光コンテンツであったばかりでなく、このような未来の海軍兵士を養成する場としても利用されたのであり、またその模様が絵はがきに仕立てられ、売られていったのである。

新舞鶴の風景

このほか、新舞鶴各所を写し込んだ絵はがきも製作された。大正一三年（一九二四）七月一〇日付けで陸海軍による検閲を受けたことが記された八枚の絵はがきからなる『新舞鶴風景（原色版）』では、市街全景・新舞鶴駅・白糸浜《しらいとはま》神社・三条通・白糸橋からみた大門通・敷島通からみた日宗会堂・忠魂碑・艦隊入港の八つのテーマが選ばれており、各はがきに「新舞鶴名所」という共通のタイトルがみえる。

このうち、市街地の全景を表現したもの（図17）は、市街地西側の小丘（四面山）から

図17　絵はがき「全景」（新舞鶴名所より）
所蔵：京都府立大学

図18　絵はがき「三条通」（新舞鶴名所より）
所蔵：京都府立大学

図19　絵はがき「敷島通より日宗会堂を望む」
（新舞鶴名所より）
所蔵：京都府立大学

写した一枚で、画面の左下から右上方向に延びている大通りが鎮守府の入り口につづく大門通である。大門通が東西のメイン道路であるのに対し、三条通（図18）は新舞鶴駅から延びる南北のメイン道路であった。絵はがきをみても、幅の広い道路であり、家並みが続いていたことがわかる。大門通といい、三条通といい、都市の基軸が「名所」として売り出されたことがうかがえる。

個別の地物として表現されるもののうち、忠魂碑は四面山に建立されたもので、先に触れた明治年間の『新舞鶴案内記』にも名勝旧跡として紹介されていた。白糸浜神社は新舞鶴市街の整備にともなって、大正二年に新たに建立された神社で、歴史の古い神社ではないが、新舞鶴にとっての象徴的な神社であった。日宗会堂（図19）は日蓮宗系の寺院（堂）で明治三九年（一九〇六）に敷島通の西端に創設された。この二つの社寺が位置していた東西路が図19に大きく表現された敷島通である。敷島通は、大門通に次ぐ東西の基軸道路であった。日宗会堂は大正六年に法鏡山日宗寺と改号していたが、絵はがきのキャプションは日宗会堂という旧称のままである。それに加えて、中央に消失点を設けた一点透視の写真構図のなかで、日宗会堂（日宗寺）はまさに消失点に位置しており、奥に小さく写るにすぎない。そうした点からみると、キャプションの力点とは異なり、実際のところは敷島通を表現しようという意図が強い写真であったとみていい。

主要道路を表現した絵はがきには、いずれも近代的な都市景観が表現されている。その一方で軍港都市であることを明示する構成要素はほぼ確認できない。たとえば、海軍兵や職工とすぐにわかるような人物は写っておらず、一見するとその他の近代都市と変わらない風景である。しかしながら、新舞鶴の場合、たとえば「敷島通」という名称は艦船の名前からとられたものであり、「大門通」は都市部と海軍用地との間にある大門からとられたものであった。海軍に支えられて発展した近代都市の賑わいが名所として切り取られ販売されていった、ということになる。

これらの都市の風景とはやや異質なのが、艦隊入港の一枚だろう（図20）。白波ひとつない穏やかな湾奥の海面を総勢一一隻の艦船が隊列をなして進んでいる。一見して、ここが通常の港湾ではないことがわかる一枚である。黒煙を上げての走行は、静寂の中に異質な機械音をリアス海岸の湾内にもたらすものだった。ただ、このような光景もまた、新舞鶴を特徴づける「名所」として位置づけられていたことになる。

こうして、観光資源に乏しかった新舞鶴は、海軍の兵士募集の動き、そして鎮守府から要港部への格下げにともなう産業都市化への動きとも合わさる形で、軍港や兵器、そして軍港都市そのものを観光資源として売り出していった。このような絵はがきは、少なくとも鎮守府に再昇格する昭和一四年（一九三九）以前までは確認することができ、海軍や軍港都市と観光とが結び付いていた様子がうかがえる。

図20　絵はがき「舞鶴軍港艦隊入港之光景」
（新舞鶴名所より）
所蔵：京都府立大学

近年の研究のなかで、昭和一五年以降の日本においても、大衆的なナショナリズムの展開の中で聖跡や戦地、朝鮮・満州などへの観光が盛んになされていたことが明らかにされている（Ruoff, 2010）。しかし、少なくとも新舞鶴に関して言えば、軍港に関する絵はがきの刊行は再び鎮守府となった頃からは確認できなくなる。鎮守府に再昇格したことで軍事都市化が強化されたことが最大の理由と思われるが、観光の視点からみれば、舞鶴は大衆的なナショナリズムを高揚させるにふさわしい聖跡や戦地に乏しかったということでもあろう。官民一体のナショナリズムが高揚するなか、軍港都市は観光客を誘致してネイションの一体化を図る役目ではなく、「お国のための」軍人を作り上げることでその任を果たした、ということになる。

昭和二〇年の終戦が、そのような時代の大転換点となったことは言うまでもない。確認しておけば、海軍は終戦と同時に廃止された。軍港都市として発展してきた舞鶴（新舞鶴）にとって、海軍の喪失は都市を成立させる基盤の喪失に他ならなかった。こうした点はまた、舞鶴に限らず、他の軍港都市にも等しくあてはまる。戦後の軍港都市は、海軍といかなる距離感で都市復興や整備、そして観光化を進めるのか。こうした点が本書後半部のテーマとなる。

ただその前に、次章では絵師吉田初三郎《よしだはつさぶろう》が描いた戦前の横須賀・呉・舞鶴についての鳥瞰図《ちょうかんず》を取り上げておきたい。というのも、それぞれが描かれた時代背景を背負った描写となっており、戦前の軍港都市を再確認するのにちょうどよいからである。

吉田初三郎、軍港都市を描く

吉田初三郎の鳥瞰図

「正しさ」のなかで

近代は陸軍陸地測量部によって全国津々浦々の測量が実施され、国土把握の基本図としての地形図が整備された時期である。また江戸時代のように石高《こくだか》ではなく、土地そのものに税が課されるようになったことで一筆単位の測量調査が実施されていった。やや大げさに言えば、全国レベルから一筆レベルまで、「正しさ」という尺度で土地が把握されていったことになる。

こうした「正しさ」が前面に押し出された地図作製の動きは、伊能忠敬《いのうただたか》を持ち出すまでもなく、江戸時代から確実に始まっていた。その意味でいえば、近代の動向をことさら強調する必要などない。しかし、伊能のような線的な測量はともかく、土地の起伏や形状、利用状況などを全国一律の条件で調査し、面的にとらえていくというダイナミックさは、やはり前代との違い、もしくは前代からの発展形としてとらえておいてよい。また、地形図は頒布されており、一般でも入手可能であったほか、等高線など地形図の表現形式を模した民間図も数多く出回っており、「正しさ」を身に纏う地図が社会のなかに馴染みあるものとなっていたことは確かである。もちろん、そこには小学校教育での地理科の存在も影響する。

ただ、こうした時代背景にあって、「正しさ」だけがすべてであったかといえば、決してそうではない。江戸時代に博物図譜のような精緻な図が生まれる一方で、デフォルメを施した役者絵などの浮世絵が世にもてはやされたように、近代においても測量成果を基礎とした地図が浸透する一方で、ユニークな視点で空間を表現する作品も社会のなかで確固たる地位を築いていた。その代表格をあげるとするならば、吉田初三郎《よしだはつさぶろう》（一八八四―一九五五）による鳥瞰図《ちょうかんず》となる。鳥瞰図とは、上空から地上を見渡す構図で作られた図のことで、鳥の目線から眺めたようにみえるためにこう呼ばれる。

初三郎は江戸時代の風景浮世絵師、歌川広重《うたがわひろしげ》の業績に自らを重ね、「大正の広重」として大正から昭和戦前期を中心に日本各地、そして朝鮮や満州、台湾といった外地に関する鳥瞰図を一六〇〇点以上制作、刊行していった（堀田二〇〇九）。たとえば、大正一一年（一九二二）に作られた『日本交通鳥瞰図』などは、そのスケールの大きさに息をのむ作

品である（図21）。「これは今迄の普通の日本地図を見るとは眼を異にして、逆に日本海々上から飛行機で日本を見た気持ちになってご覧下さい」という説明があって、日本海上から俯瞰された日本が長辺一〇〇センチ以上の細長い紙に横たわる。それだけでも驚くが、周辺には日本と航路で結ばれた世界の大陸が表現される。画面左側には北アメリカ大陸、そしてそのさらに左にはヨーロッパも見渡されている。

日本全体を対象とした図のほかにも、たとえば中部地方や九州地方といった地方レベルの広域を扱った図も存在する。これらもまた、土地の広がりやつながりが絶妙に表現されている。その発想と技術はまさに圧巻としかいいようのないものである。

ただ、そうした広域図も捨てがたいが、初三郎式鳥瞰図の真骨頂はと問われれば、やはり日本各地を描いた地域図と答えたくなる。地域のデフォルメの仕方といい、それでいてわかりやすい内容といい、どれも秀逸である。

図21　吉田初三郎『日本交通鳥瞰図』（大正11年）
所蔵：京都府立大学

もちろん、軍港都市を表現した鳥瞰図も残されている。とくに舞鶴《まいづる》の場合は『舞鶴図絵』（大正一一年）という、まさに舞鶴を主題とした鳥瞰図が作られている。そのほか、横須賀《よこすか》は現在の京浜急行電鉄の前身にあたる湘南《しょうなん》電気鉄道の沿線を描いた『湘南』（昭和五年（一九三〇））に登場し、呉《くれ》についても三原《みはら》と呉を結ぶ三呉線開通を記念して作られた『三呉線図絵《さんごせんずえ》』（昭和一〇年）にて描かれている。あいにく佐世保については初三郎式鳥瞰図を確認できていないが、ここでは三都市の鳥瞰図を個別に眺め、その特徴を時代背景とともに確認していくことにしたい。

初三郎式鳥瞰図とは

ただ、初三郎や彼の鳥瞰図についてよく知らない方のために、若干の説明をしておく必要があるだろう。

初三郎自身の語るところによれば（吉田一九二八）、当初は洋画家をめざしていたが、大正元年（一九一二）、師の鹿子木《かのこぎ》孟郎《たけしろう》に「広告とか看板とか案内とか云ふ直接国民の芸術眼に訴ふ（中略）応用芸術家」になるよう勧められ、渋々ながら洋画家を断念、「民衆出版の別天地」に身を乗り出した。

転機はその直後に訪れる。大正二年に京阪電鉄沿線の名所を紹介する『京阪電車御案内』という絵図を作ったが、翌年に京阪電鉄沿線にある石清水八幡宮《いわしみずはちまんぐう》を行啓《ぎょうけい》した皇太子（後、昭和天皇）が初三郎の作品を目にし、「是れは綺麗で解り易い、東京へ持ち帰つて学友に頒ちたい」と褒めたことが初三郎に伝えられる。このことに発奮した初三郎は「当代特有の名所図会といふ一種の芸術を示す」ことを不朽の仕事としようと誓ったという。

その後、初三郎の日本各地の知識と表現のインスピレーションを高める仕事が舞い込む。大正九年に新たに設置された鉄道省が、全国の鉄道路線の沿線を網羅した『鉄道旅行案内』の刊行を企図、その挿絵を初三郎が担当することになったのである。この事業のために、初三郎は全国を旅行し、各地をスケッチして回った。

この際、鉄道や船舶などの交通網の発達による時間距離の短縮を肌で感じることになる。先の『日本交通鳥瞰図』にもあるように、初三郎の鳥瞰図では主題となる地域から遠く離れた場所が画面の端に表現されることが多い。そうした地域にも線路や航路が結ばれており、交通網を通じた一体性、もしくは時間距離の短さが画面を通して表現されることになった。

もう一つ、初三郎式鳥瞰図の特徴として忘れてはならないのが、細部の表現の精緻さである。初三郎式鳥瞰図は、ときにそのダイナミックな構図に注目が集まるが、描かれた建物をみてみると、その特徴がうまく表現されていることに気がつく。図22は『香川県名所《かがわけんめいしょ》交通《こうつう》屋島《やしま》史蹟《しせき》鳥瞰図《ちょうかんず》』（一九三〇）に表現された屋島山上だが、ケーブルの駅舎や屋島寺、展望地点の東屋など、いずれも簡略ながら適切な表現である。初三郎式鳥瞰図は数百枚ものスケッチがもとになっていることが知られているが、細部をみると、確かにそうしたスケッチが存分に活かされていることがわかる。

図22　吉田初三郎『香川県名所交通屋島史蹟鳥瞰図』（昭和５年）（部分）
所蔵：京都府立大学

実は、鳥瞰図によっては計画段階の建物などを先行的に描きこんでいる場合もある。その計画が完成していれば問題ないのだが、時に計画が中止されてしまった場合、あるはずのないものが鳥瞰図に描きこまれている、といったことが起きる（上杉・加藤二〇一九）。そうした点には注意が必要だが、初三郎式鳥瞰図が当時の地域を知る重要な資料となりうる点は揺るがない。

舞　鶴——一九二四年

日本海のなかの舞鶴

では、吉田初三郎が描いた鳥瞰図から、当時の軍港都市の様子をみていくことにしよう。初三郎が手掛けた順番に沿って、まずは舞鶴を取り上げる。

『舞鶴図絵』（図23）は、舞鶴町に住む坂根善蔵の依頼に応じて初三郎が手掛けた鳥瞰図である（なお『新舞鶴図絵』と題された資料もあるが、内容は『舞鶴図絵』と同じである）。初三郎が図に添えた小文で語るところによると、当時、初三郎らは『鉄道旅行案内』の改訂版の挿絵作製に従事しており、新たに開通する宮津《みやづ》線（舞鶴—宮津間）の路線の調査を兼ねて舞鶴入りした。坂根から「再三の懇嘱あり」とあるので、基本的に地元名士の熱意によって舞鶴に来たのだが、初三郎側にも訪れる必然性があったということになる。兎にも角にも門人二名を連れてやってきた初三郎は、「烈寒身に泌む連日の雪

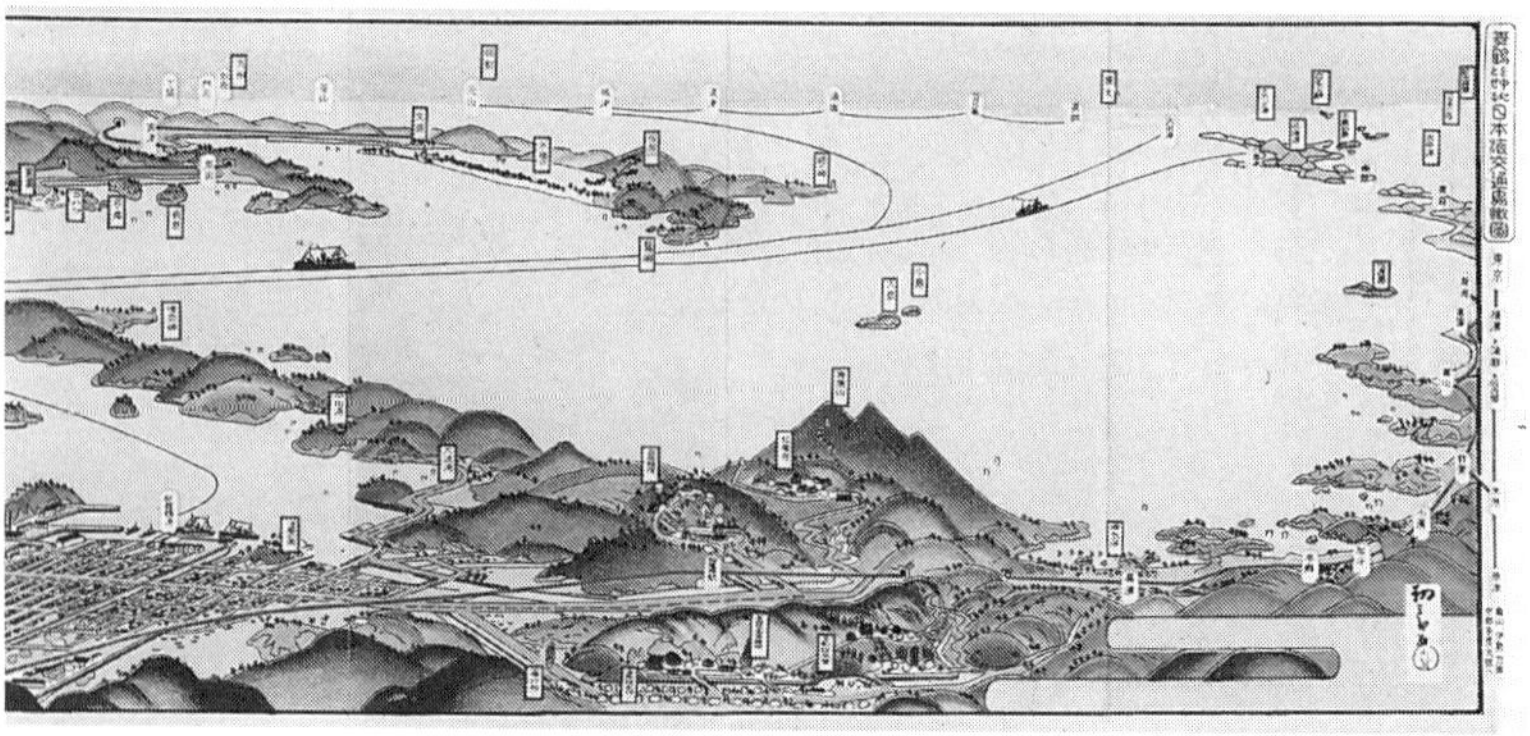

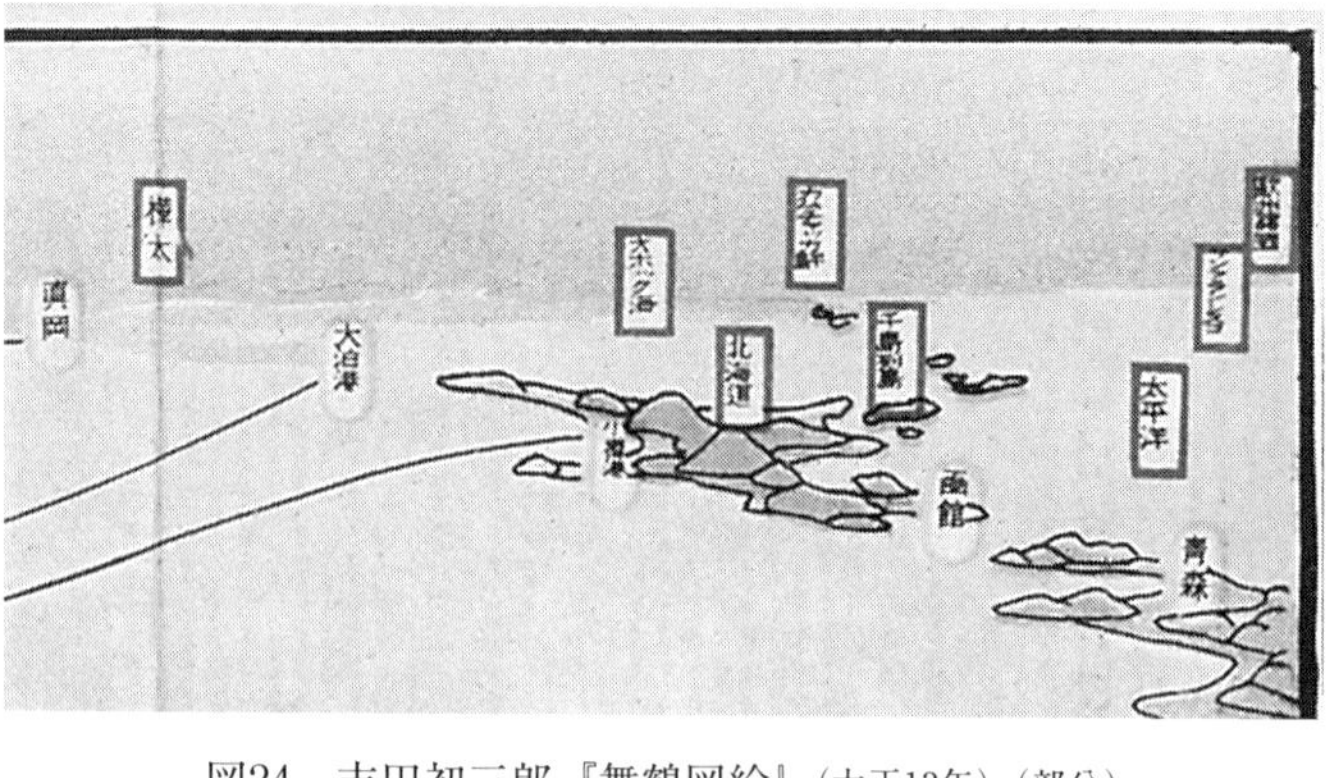

図24　吉田初三郎『舞鶴図絵』（大正13年）（部分）
所蔵：舞鶴市
『舞鶴図絵』の右上部分．「樺太」「カムチャッカ半島」「サンフランシスコ」や「欧州諸国」といった記載がみえる．

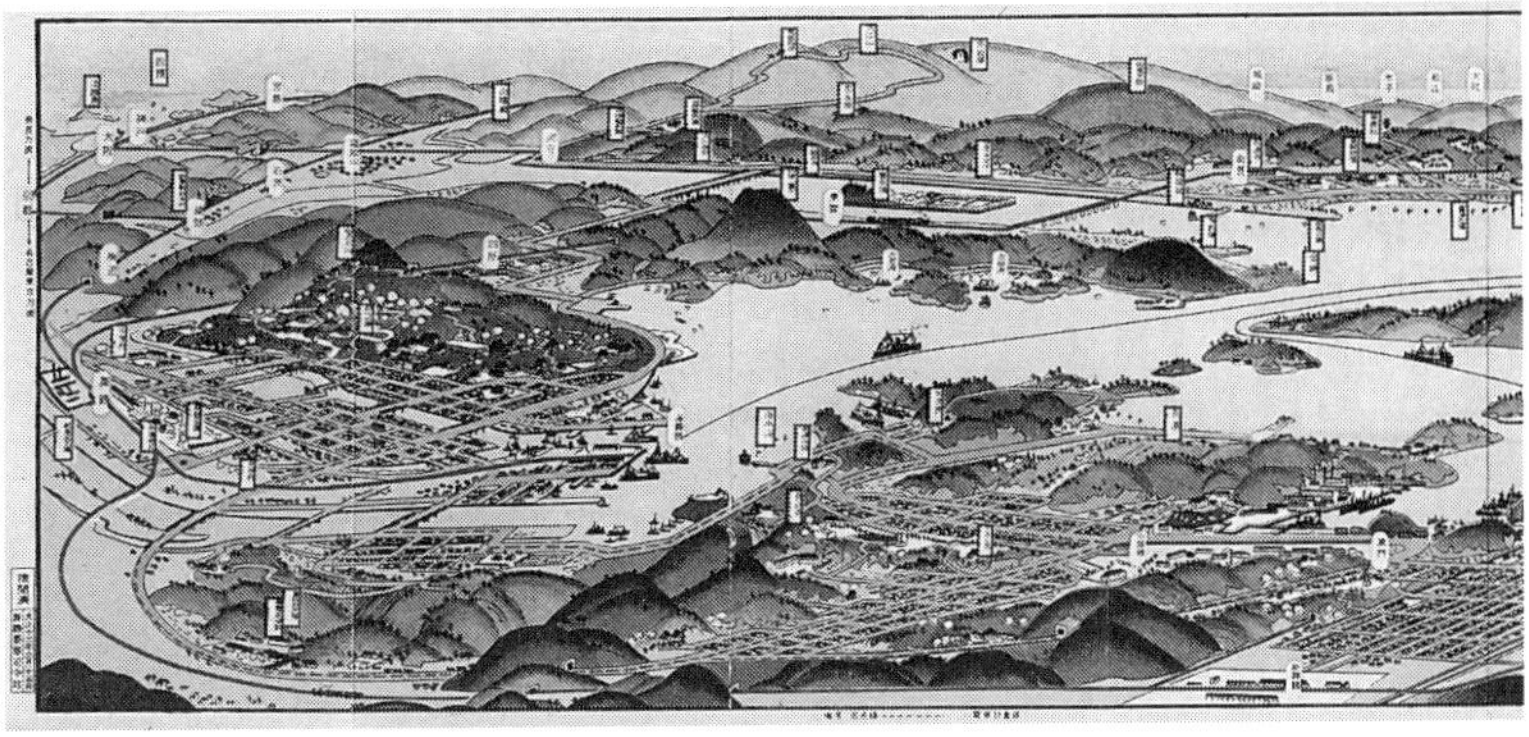

図23　吉田初三郎『舞鶴図絵』（大正13年）
所蔵：舞鶴市

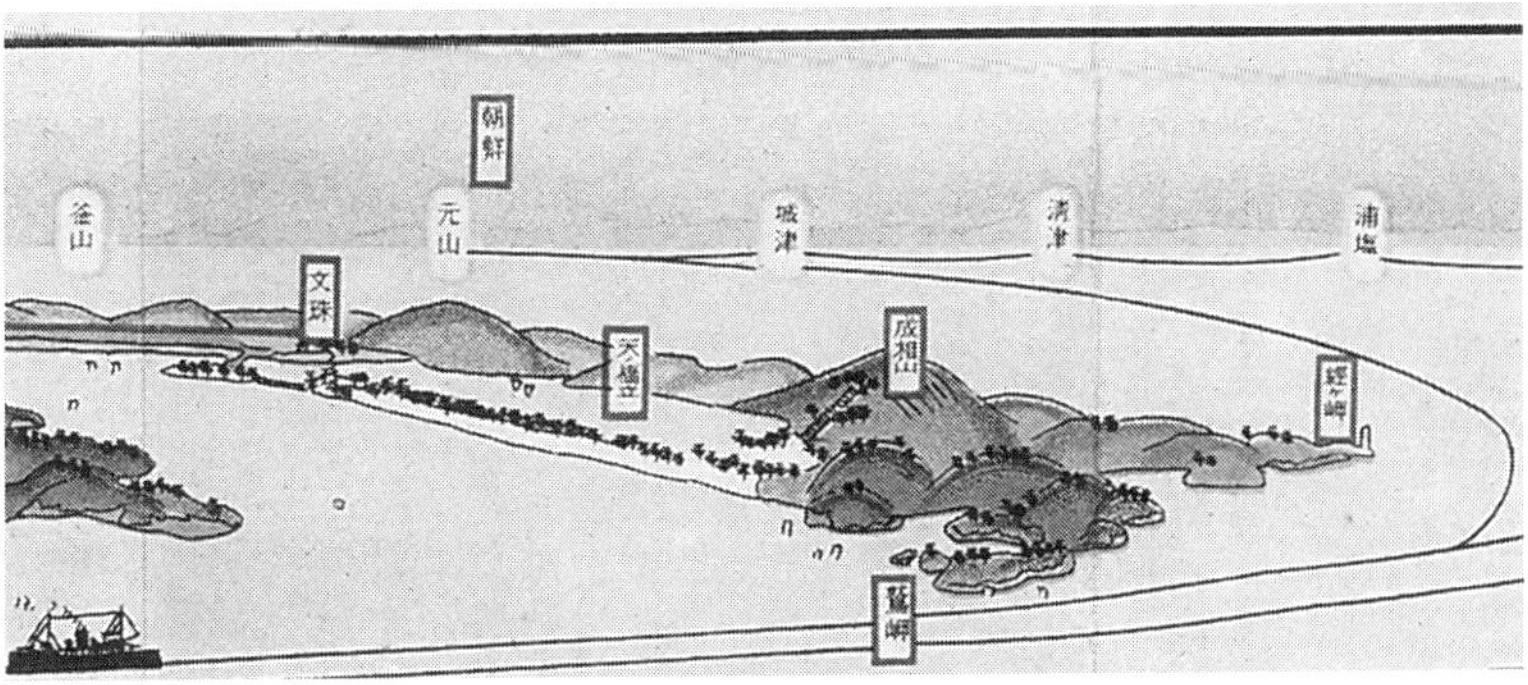

図25　吉田初三郎『舞鶴図絵』（大正13年）（部分）
所蔵：舞鶴市
「文珠」駅は天橋立に接続している．なお，天橋立のすぐ「上」には朝鮮半島があり，舞鶴港からの航路が描かれている．その距離はとても「短い」．

を犯して、つぶさに踏査を試み」、この図のベースとなる情報を収集した。図が完成したのは大正一三年（一九二四）三月であった。

鳥瞰図の画題が舞鶴とその周辺にあることは間違いないが、鳥瞰図自体には「舞鶴を中心とせる日本海交通鳥瞰図」と名前が付されており、日本海交通が意識されたものとなっている。たとえば、遠くには北海道が描かれ、小樽《おたる》港と新舞鶴港の航路が表現される（図24）。また、朝鮮半島の元山《げんざん》、ロシアの浦塩（ウラジオストク）、樺太の真岡《まおか》や大泊《おおどまり》港などの地名がみえ、それらと舞鶴港とを結ぶ航路が記されている（図25）。なるほど日本海の交通図というにふさわしい内容である。天橋立《あまのはしだて》のすぐ後ろには朝鮮半島が配置されており、すぐ近くに外地があり、そこへの航路も短いのだ、という錯覚を読者に与える効果もあったかもしれない。

こうした国内外を広く射程に収めた大胆な構図から浮かび上がるのは、舞鶴が日本海交通の中心に位置しているかのような感覚である。この鳥瞰図の名称からして、作者によって意図的に準備された表象の方向性であることは間違いない。先にも触れたが、『京阪電車御案内』に源流を持ち、鉄道省と深く結びつくなかで経歴を重ねた初三郎にとって、交通という視点からその地域をとらえることは十八番であり、初三郎式鳥瞰図の肝となる部分であった。

しかも、初三郎の視線は日本海を超えてオホーツク海や太平洋に及び、カムチャッカ半島やサンフランシスコまで表現される（図24参照）。サンフランシスコの向こうには「欧州諸国」とまで記載されているので、大西洋をも超えていることになる。そのとんでもない想像力はさすがの一言に尽きる。

陸上交通の展開

海上航路に加えて、陸上の鉄道路線も詳細である。東は新舞鶴駅から福井県の高浜《たかはま》、小浜《おばま》、敦賀《つるが》方面に向かい、さらに遠くは新潟まで伸びている。途中敦賀では画面外の余白に向かって分岐し、米原《まいばら》を経由して名古屋や東京といった方面につながることが示される。一方の西側は舞鶴駅から山陰線と宮津線の二つの路線が伸びる。宮津線は画面の中央上部に伸びており、終着駅は「文珠《もんじゅ》」である（図25参照）。

添えておけば、宮津駅が開設され宮津線の運行が始まったのは大正一三年（一九二四）四月、それが文珠駅（天橋立駅）まで延伸されたのは翌一四年七月となる。そのため、鳥瞰図が完成した段階では、宮津線は未来を予想した描写であった。先述のように、初三郎は計画中のものを、さも完成しているかのように描写することがあった。幸い、この路線の場合は無事に開通したので、大きな齟齬を含む図とはならずに済んだ。

一方、舞鶴市街地にある「電車計画線」として引かれた赤点線は、結局、計画のままで終わってしまった路線であった。計画であることが明示されているので、見た者を惑わすものではないものの、こうした計画線まで引きたがるのが、交通網を表現することに情熱を注いだ初三郎の心性である。

三つの舞鶴

次に舞鶴自体をみてみよう。舞鶴の市街地は画面左の下部に広がっているが、その市街地は大きく三つの部分にわかれている。

画面左端に近いところに広がるのは、江戸時代の田辺《たなべ》城下町に由来する市街地である。それに対して、画面中央下部に描かれるのが、鎮守府設置にともなって新たに建設された都市域である。当時の名称で言えば前者が舞鶴町、後者が新舞鶴町である。そして、この新旧二つの舞鶴の山間部に形成されているのが海軍や工廠で働く者たちが多く居住した中舞鶴と呼ばれる地区で、こちらも新たに開拓された都市部であった。都市化が進んだ当初は余部町《あまるべちょう》という名称だったが、この鳥瞰図が刊行された時点では中舞鶴町に改称されていた。

このように舞鶴は、西から舞鶴町、中舞鶴町、新舞鶴町の三つの都市域にわかれていた。町が三つ近接するのは、全国的にみても珍しい状況であったと言ってよい。坂根善三がこの図を企図した理由の一つには「複雑なる三舞鶴の関係を明然たらしめ」ることがあったというから、地元民にとってもこうした三角ならぬ「三核」関係は、外に対して説明を要する事項だと感じていたことになる。

もちろん、「舞鶴」という呼称が本来、どの地区を指すのかは明白である。近代に誕生した新舞鶴や中舞鶴の一帯が舞鶴という名称で理解されるようになるのは、まさに都市が建設されて以降にほかならない。それまで、新舞鶴の地は倉梯村《くらはしむら》・志楽村《しらくむら》であったし、中舞鶴は余内村《あまうちむら》であった。この二つが舞鶴という名称を利用することになったのは、舞鶴鎮守府に関連して建設された都市であったからにほかならないが、その舞鶴鎮守府という名称は、旧来から存在した舞鶴町の名称からもたらされている。

とはいえ、城下町に由来する舞鶴町も、実は舞鶴という地名がそもそもあったわけではない。城の名前は田辺城であり、江戸時代の藩も田辺藩を名乗っていた。他の城下町の状況を鑑みるなら、近代以降も田辺という名称が都市名となってしかるべきである。ただ、同じく田辺という名称を持つ城下町が紀伊国にもあり、廃藩置県に際し、丹後田辺藩の方は、田辺ではなく田辺城の別名である舞鶴城を用いて舞鶴県という名称を採用した。舞鶴県自体は早い段階で豊岡県《とよおかけん》に吸収されたため、とても短命に終わったが、城下町域の町名として舞鶴の名称は残った。

舞鶴町の様相

鳥瞰図が作られた四年前の大正九年（一九二〇）に、郡是製絲《ぐんぜせいし》（現グンゼ）が舞鶴町にて工場の操業を開始した。舞鶴駅に隣接する場所で、原

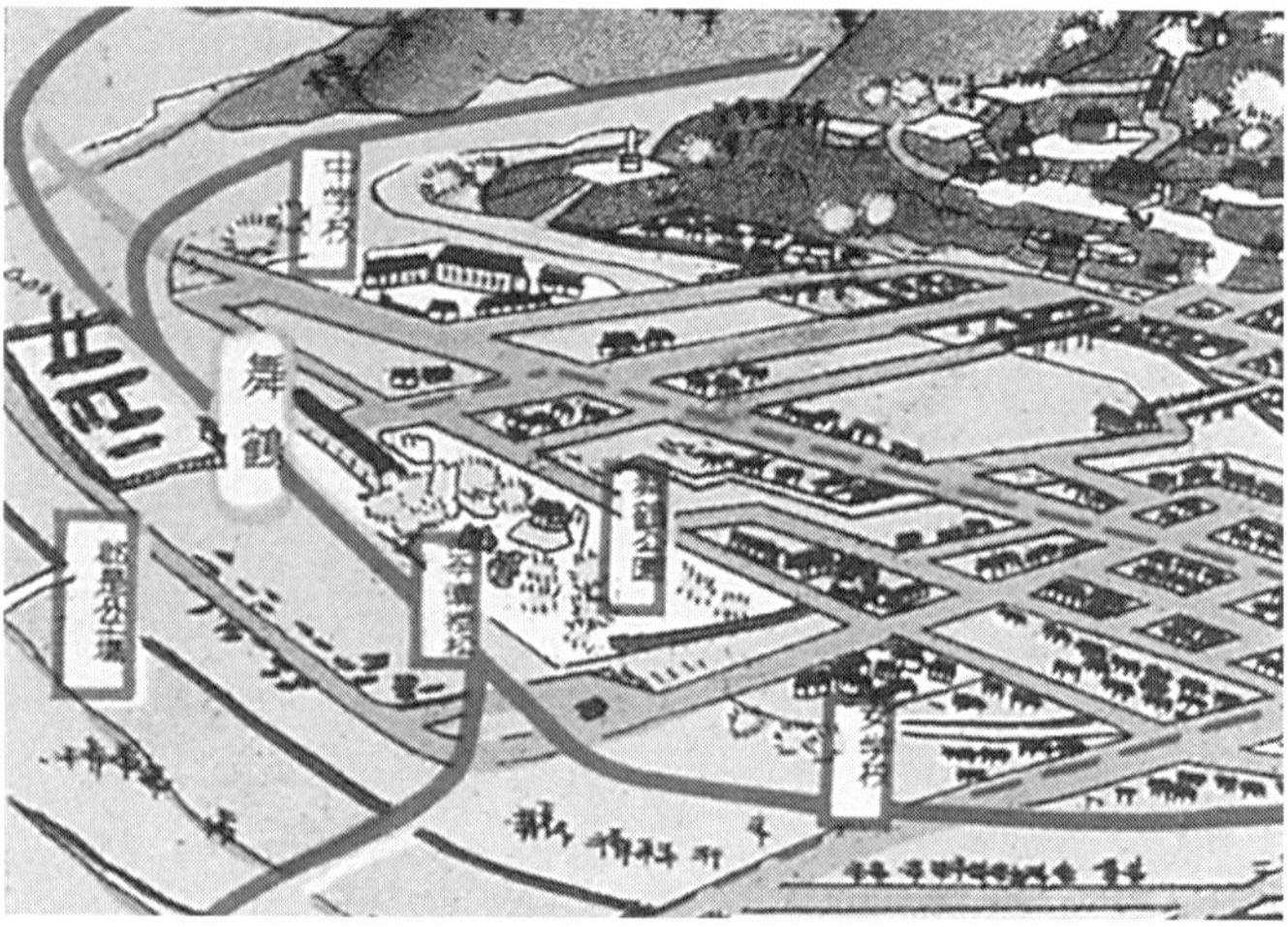

図26　吉田初三郎『舞鶴図絵』（大正13年）（部分）
所蔵：舞鶴市
江戸時代の田辺城下町に由来する舞鶴市街地．「舞鶴」駅（現西舞鶴駅）に隣接してグンゼの工場（「郡是分工場」）が表記されている．

料や製品の輸送に適した立地であった。この工場は鳥瞰図のなかに「郡是分工場」として特記されており、煙を吐く煙突を備えた建物などが描写されている（図26）。

郡是製絲は明治二九年（一八九六）に、舞鶴よりも直線距離で一七〜一八キロほど内陸に位置する何鹿郡《いかるがぐん》綾部《あやべ》町《ちょう》（現綾部市）で創業された。その本社については、鳥瞰図内にも綾部駅の隣に「郡是製絲本社」と明示されている。郡是は何鹿郡の振興を強く意識して作られた会社だが、その影響は次第に周辺の郡にも広がっていった。大正九年三月時点で京都府内一〇か所、兵庫県内八か所、その他四か所に工場があったが、京都・兵庫については丹後《たんご》〜但馬《たじま》地域に多くが集まっている状況で、この一帯の産業をけん引する企業となっていた。鳥瞰図内全体を見渡しても、業者名が特記されるのは郡是の二施設のみである点からしても、丹後地方を代表する製造業者であったことが十分にうかがえる。

図26の範囲にみえる文字注記は、舞鶴駅と郡是のほかに、「中学校」「女学校」「舞鶴公園」「古今伝授松《こきんでんじゆまつ》」である。二つの学校は場所からみて、「中学校」が京都府立舞鶴中学校、「女学校」が京都府立舞鶴高等女学校であろう。舞鶴中学校は大正一一年四月に開校しており、初三郎が来鶴した頃は、まだ新設の中学校であった。それに対して、女学校の開校は明治四〇年四月で、男子の中学校よりも早い。もっとも、開校当初の名称は京都府立加佐郡《かさぐん》立高等女学校で、京都府立舞鶴高等女学校となったのは大正一二年一月だった。なお、この二つの学校は戦後に統合され、現在も「中学校」の位置に京都府立西舞鶴高等学校として存続している。

これらの学校が記されるのは、舞鶴町の高等教育の中核であったからだが、舞鶴町にはほかにも特筆すべき教育機関があった。それは、城下町らしく、江戸時代の藩校「明倫館《めいりんかん》」を祖とする明倫小学校（当時は明倫尋常高等小学校）である。初三郎は文字注記をしていないものの、図26をみると校舎が明瞭に記載されている。ちょうど「舞鶴公園」という表記の右の長方形の街区にある一群である。明倫小学校には付属幼稚園（舞鶴幼稚園）も設置されており、幼少期からの教育が盛んであった。

明倫小学校も場所を変えずにそこにある。正門は明倫館時代の門と伝えられる江戸時代後期に建てられたもので（舞鶴市指定有形文化財）、少なくともこの門は初三郎一行も目にしたはずである。また、舞鶴幼稚園は現在、舞鶴こども園と名称を変えているが、京都府最古の幼稚園として存続している。

図26内の文字注記の「舞鶴公園」は、田辺城址が公園化したものである。田辺城は細川《ほそかわ》幽斎《ゆうさい》（長岡藤孝《ながおかふじたか》）が築いた城で、関ヶ原合戦の際、田辺城に籠城した幽斎を後陽成天皇《ごようぜいてんのう》が勅使を派遣して守ろうとした「古今伝授」をめぐる逸話は、あまりにも有名だろう。その遺跡として、舞鶴公園内に「古今伝授松」があった。この松について、鳥瞰図の裏面に記載される「舞鶴由良名所案内」には、「実に国家的の史蹟である」と大々的に取り上げている。なお、現在も公園内には代替わりした古今伝授の松がある。

「舞鶴由良名所案内」には舞鶴公園についての記事もあり、桜の名所として紹介される。そこにある「此位の桜の名所は日本海岸の各地に多く無いから遠来の花見客の雑沓は毎年鉄道の係員を忙殺せずには措かない」という一文は、交通案内を兼ねる『舞鶴図絵』ならではの評価だと言えるだろう。実際、鳥瞰図内の舞鶴公園には、満開の桜が咲き乱れてお

図27　吉田初三郎『舞鶴図絵』（大正13年）（部分）
所蔵：舞鶴市
鎮守府設置とともに建設された新たな市街地．新舞鶴港に停泊する船舶とは明らかに違う船が「東門」付近の港湾に浮かぶ．

り、駅を降りるとすぐに桜に出会える、といった印象を与える表現となっている。

新舞鶴と軍港

一方、図27は新舞鶴の市街地から軍港にかけての部分図である。舞鶴市街に比べて、新舞鶴市街には文字注記は少ない。紙幅の関係で切れてしまったが、図27の画面よりも少し右側に「浮島公園」という注記があり、それが新舞鶴市街における（駅名以外の）唯一の文字注記となっている。近代になって新たに形成された新舞鶴市街には、注記する地物がない、とみなされたのだろうか。実際、「舞鶴由良名所案内」においても、新舞鶴市街で浮島公園以外に特筆される名所はない。

こうした消極的な未記載ではなく、積極的もしくは意図的に文字注記がなされていないと思われるのが軍港域である。ただ、あくまでも文字注記の上での消去だという点は、確認しておいてよい。

図27の左側の港湾部には、煙突を備えた長大な建物をはじめ、新舞鶴市街などに描かれる通常の建物とは明らかに異なる建物が並んでいる。港湾は埋め立てられ直線的な岸壁となっており、そこに停泊する船舶も、新舞鶴港付近の船舶とは形状が異なっている。

こうした施設がいったい何なのか、文字注記で明示されることはないのだが、舞鶴についての知識を少しでも有している者にとってみれば、そこが軍港域（要港域）であることは一目瞭然の有様であった。

また、図27は残念ながらモノクロとなっているが、実際の鳥瞰図は美しいカラー刷である。実は『舞鶴図絵』には、使われる色数によって、少なくとも二種類の版がある。そのうちより多くの色数が使われている方をみると、軍関係の建物および公共の建物は、青色の彩色が施されている。そのため、公共施設との弁別は必要だが、軍港域がどれくらい広がっているかは視覚的に識別できるようになっているのである。

もちろん、要塞地帯法（明治三二年〔一八九九〕）や軍港要港規則（明治三三年）などの規定によって、軍の施設を許可なく印刷物に掲載することは禁止されていた。実際、『舞鶴図絵』も舞鶴要塞司令部の検閲を受けて刊行されている。ただ、それによって、例外なく秘匿されたわけではない。そもそも、初三郎が表現したレベルの内容は、陸軍陸地測量部が大正九年（一九二〇）に測図し、大正一三年に発行した二万五千分一地形図「舞鶴」でも、十分に読み解ける（図28）。地形図では地図記号が利用され、また鳥瞰図と違って正確性が求められているので、鎮守府司令部（測図時点は鎮守府）の位置や工廠の門の位置なども明確に表現されている。

地形図と見比べながら図27をみると、中舞鶴駅の右上の小高い丘陵上にある大きな建物が要港部司令部だとわかる。この司令部のほか、軍港内の主要施設については、鳥瞰図裏面の「舞鶴由良名所案内」に記載がある。少し長いが、引用しておこう。

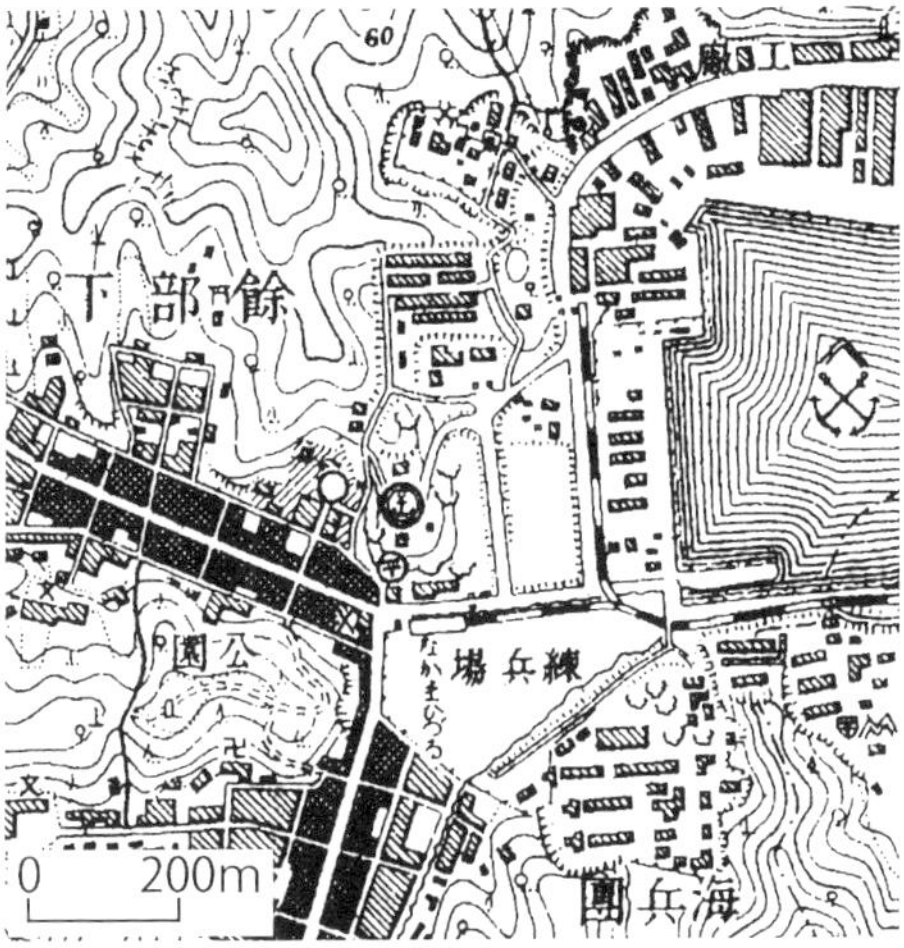

図28　2万5000分1地形図「舞鶴」（大正9年測図）（部分）

　海軍舞鶴要港部　新舞鶴駅より二十丁、軍港の一部丘上鬱蒼たる松樹中に司令部あり。庭前及道路の左右には桜花多く、春花の候は一般に開放せられ観覧を許可せらる。

　海軍舞鶴工作部　要港部司令部の丘下に正門あり。（中略）学校青年団、婦人会、其他団体は、申込により見学を許されるのである。尚、付近には防備隊、軍需部、海軍病院等の大きな建物が並んでいる。

このように、一定の規則のもと、軍港内の見学や一般開放がなされていることに注意し、軍施設が完全に秘匿されていたといった一般的な理解は改めておいた方がよい。

三つの鉄道支線

さて、図26と図27をみると、舞鶴駅や新舞鶴駅の付近から、支線が伸びていることに気がつく。具体的には、舞鶴駅と海舞鶴駅とを結ぶ臨港線、新舞鶴駅から中舞鶴駅に向かう中舞鶴線、そして新舞鶴駅と新舞鶴港駅とを結ぶ新舞鶴臨港線の三つである。三つの鉄道支線があるというのも、複数の市街地と複数の港湾を有する舞鶴地域ならではのことだろう。

舞鶴—海舞鶴の支線は、明治三七年（一九〇四）に舞鶴線が開通したと同時に開設されている。当初、舞鶴—綾部—福知山《ふくちやま》の路線は開通したものの、宮津までの路線は未開設であった。そのため、山陰を代表する名所であった天橋立へ向かうルートの一つとして、舞鶴駅までできた観光客を舞鶴港まで運び、そこから鉄道連絡船によって宮津港まで運ぶルートが企図されたのである。そのため、舞鶴駅から舞鶴港までの臨港線が準備され、一一月三日の開通に合わせ、舞鶴駅・新舞鶴駅とともに海舞鶴駅が開設された。海舞鶴駅と宮津を結ぶ鉄道連絡船（橋立丸）は一一月二四日に運航が開始されている。

そういう役割であれば、宮津までの鉄道延伸が達成されたとき、この支線の主たる役割は終わりを迎えることになる。先に、初三郎は宮津線開設に合わせて丹後を訪れていたことは確認した。初三郎が舞鶴に滞在していた頃は確かに旅客路線であった舞鶴駅支線だったが、大正一三年（一九二四）四月には旅客営業を終了し、貨物路線となる。

次に中舞鶴線について概観しよう（図27）。中舞鶴線の主な目的は、新舞鶴と舞鶴鎮守府の各施設を結ぶことであった。明治三八年一二月に引込線が敷設され、海軍専用鉄道路線として利用が始まったが、その後、新舞鶴と中舞鶴を結ぶ旅客路線として整備されることになり、大正八年七月に旅客営業が開始された。この折、鳥瞰図にも付される「東門《とうもん》」「中舞鶴」の両駅が開設されている。

当時の官報（二〇八六号、明治三八年七月一八日付）によると、東門駅は旅客のみの取り扱いで手荷物は扱わず、中舞鶴駅は一般旅客・手小荷物・大荷物のいずれも取り扱いが可能であった。ただし大荷物のうち重量があったり長大であったりするものについては「海軍官衙ニ発着スルモノ又ハ関係官衙ノ証明アルモノニ限リ」取り扱うという規定となっており、海軍用地に隣接する駅ならではの規制があった。

三本目の新舞鶴臨港線については、大正一三年一〇月に開通祝賀式が催されており、初三郎が滞在していたころは、いまだ未開通のものであった。この臨港線の計画は、大正一一年に舞鶴軍港の要港への格下げが発表され、翌年一月の軍港要港規則改正によって新舞鶴港の民間利用が可能となったことに端を発する。商港建設は、要港部格下げという新舞鶴町の衝撃と沈み込みを打開するための最重要課題となり、町をあげた取り組みが急速に進められた。そうしたなかで、桟橋や倉庫の設置に加え、新舞鶴駅から新舞鶴港への引込線の敷設も緊要とされていく。そして、同年には、こうした一切の業務を一括で取り扱う新舞鶴桟橋倉庫株式会社が地元関係者らによって設立され、整備が進められていった。

初三郎が訪れたのは、こうした急速な整備がなされていた、まさにその時期だったのである。初三郎よりも以前、大正一二年四月に刊行された『新舞鶴案内』に掲載される地図にも、すでにこの路線は予定線として記載されており、初三郎だけが勇み足というわけではない。ただ、予定線ではなく、さも既存路線かのように描くところが初三郎流ではある。

もしくは、本図の制作を依頼した坂根善蔵などの地元関係者が、海路と陸路が結ばれた貿易港としてのアピールを強く願ったのかもしれない。新舞鶴港には臨港線のみならず、倉庫群も表現されている。そして大きな船舶も停泊しており、さらには北海道に至る航路が明記されているのである。新舞鶴と北海道・小樽間の定期航路は新舞鶴港の浮沈を握るものとして、大正一二年七月に新舞鶴商工会幹部が汽船会社に懇請した結果、同年一〇月にようやく実現したものであった。港湾整備もそうした一環でなされていく。

この鳥瞰図も新しい舞鶴を売り出すことが強く企図されていたわけであり、整備の完了した近い将来の姿を描出することが、むしろ望まれたということだろう。

横須賀——一九三〇年

吉田初三郎は『舞鶴図絵』を刊行した六年後、横須賀に関わる鳥瞰図を刊行した。といっても、横須賀をメインとした図というわけではない。

湘南電鉄の開通

昭和五年（一九三〇）四月一日、横浜市の黄金町《こがねちょう》から浦賀にかけての路線、そして途中の金沢八景《かなざわはっけい》から湘南逗子《ずし》に至る路線が同時開通した。この開通を記念して作られたのが『湘南』で、初三郎による鳥瞰図「湘南電鉄沿線名所図絵」に「遊覧案内」（裏面）が添えられている。この路線、現在は京浜急行電鉄株式会社（京急）の本線の一部、および逗子線となっており、今も東京や横浜から横須賀方面に向かう幹線鉄道である。開通当時は横浜駅から黄金町駅までは接続しておらず、接続の仕方に日出町《ひのでちょう》経由と桜木町《さくらぎちょう》経由の二通りが検討されていたため、その両方の路線が点線で引かれている。『湘南』の発行所は湘南電気鉄道株式会社である。鉄道の開通に合わせて、初三郎に依頼したのだろう。そうであれば、湘南電鉄にとってみても、初三郎にとってみても、売り出すべきは路線全体であり、横須賀をことさら強調して売り出すといった意図はなかったはずである。実際、表紙や裏表紙に採用されているのは、金沢八景を一望した図と黒船来航時の交歓の様子を描いた絵で、海軍や軍港といった趣は一切表現されていない（図29）。もっとも、『舞鶴図絵』にあっても、表紙や裏表紙には、軍港らしさは全くなかったので、その点は共通する。

図29　吉田初三郎『湘南』（昭和５年）（表紙）
所蔵：京都府立大学
表紙を飾るのは「金澤勝景一覧之図」（右）と「黒船浦賀来朝艦内日米最初交歓之図」（左）である.

金沢八景と広重

表紙に取り上げられた二つのモチーフは、鳥瞰図内や裏面の遊覧案内においても、やはり重視されている。裏面については初三郎というよりも湘南電鉄の手によるとみるべきだが、両者の思惑は基本的に一致している。

金沢八景の場合、鳥瞰図内には「小泉夜雨《こずみのやう》」や「称名晩鐘《しょうみょうのばんしょう》」といった八景が、他の地名表記とは異なる凡例を用いて明記されている。鳥瞰図は折り畳み線によって八面に分割してとらえられるが、金沢八景駅は右から三面目と四面目の境付近にある。この三面と四面の下部が金沢八景の広がるスペースに充てられており、金沢八景駅を降りると八景が広がるといった宣伝がなされる。三面目、四面目の画面上部には鎌倉、江ノ島、富士山が配置されており、鳥瞰図のなかでも風光が際立つ場所が集約された部分となっている。

「大正の広重」を自任する初三郎にとって、金沢八景は思いの強い風景であった。というのも、金沢八景を一般に広めるのに大きく貢献したのが歌川広重による「武州金沢八景」連作だったからである。裏面の遊覧案内には、当時の展望地点であった九覧亭《きゅうらんてい》の解説に、そこからの眺めは「世界的風景画家初代広重一代の傑作金沢八景の素晴らしい構図を思い浮べさせる」とあり、広重の激賞とともに、広重の世界へと強引にいざなっている。しかも、その強引さはこれだけにとどまらない。たとえば、次のような調子で「この風景はかく見るべし」と指南する。

茶店の老婆の進める望遠鏡に眼をあてると、左に見える小さき天の橋立にも似た突堤の鼻は、尼将軍政子が竹生島から勧請したといふ枇杷島弁財天で、すぐその東入江の迫る処が瀬戸橋、満月の光の下行く人影二つ三つ、大きな白帆、広重は「瀬戸秋月」をかう画いた。

この「瀬戸秋月」に至っては、広重の風景浮世絵を挿絵に示すくらいだから、よっぽどである。浮世絵の挿絵の挿入が湘南電鉄側の発案なのか、初三郎の要求なのかは不明だが、見る作法のある風景こそが名所であるというのは一つの真であるから、この方向は間違いではない。ただ、望遠鏡をのぞいて広重の世界を見よとは、なかなか高度な要求である。

こうした名所的世界と、軍港都市とがどのように結びつくのか。一見、そう危惧されるのだが、意外に軍港都市の記述も類似の方向性を持つ。軍港都市に関する遊覧案内も指南の色を帯びているからである。

横須賀の描写をみる前に、表紙に描かれたもう一つの場面について確認しておこう。

伯理の記憶

鳥瞰図の画面左端には湘南鉄道の終着地である浦賀の町と港湾が描かれている（図30）。湾奥にみえる「浦賀船渠会社」は、榎本武揚《えのもとたけあき》らの提唱で明治三〇年（一八九七）に作られた造船所だが、その前身ということでいけば、嘉永六年（一八五三）のペリー来航に関わって設置された幕府の浦賀造船所ということになる。湾内には「浦賀奉行所跡」が大きく

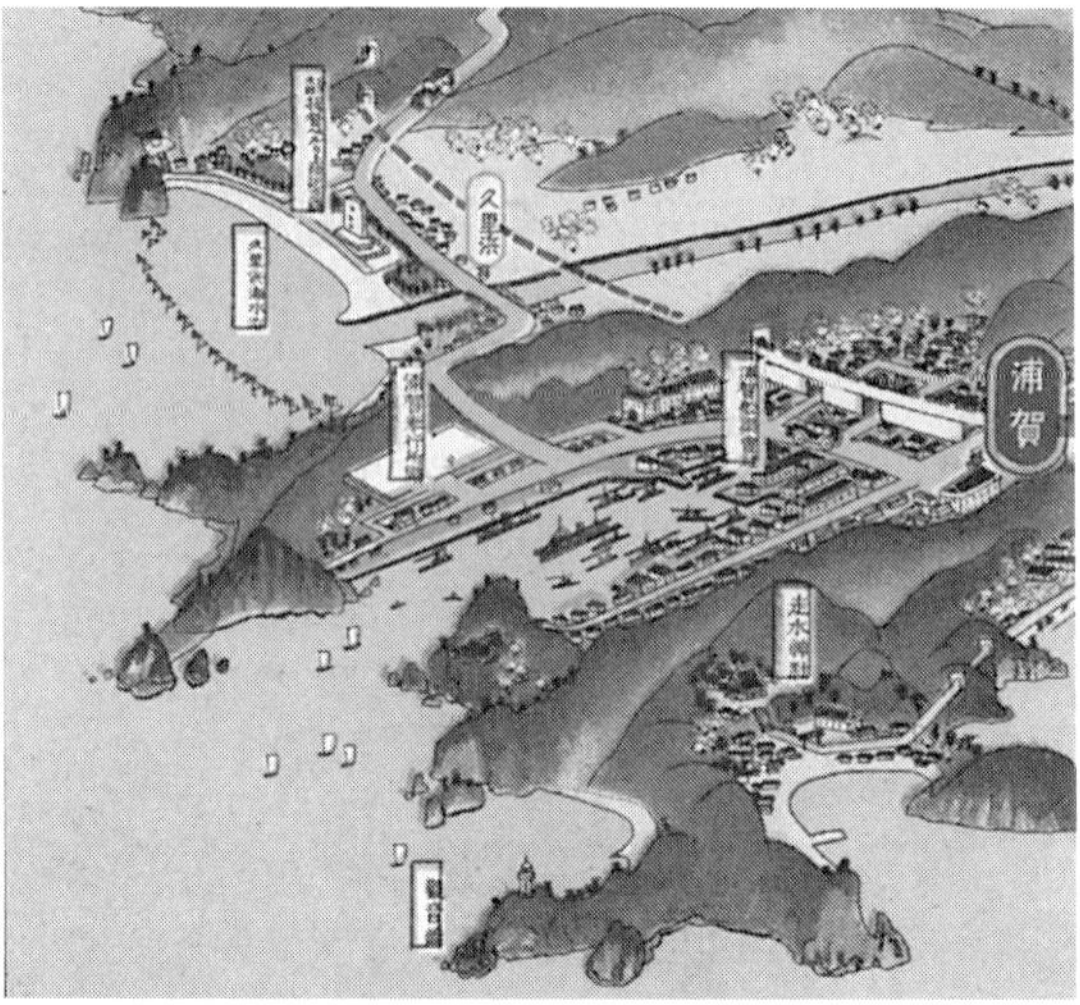

図30　吉田初三郎『湘南』（昭和５年）（浦賀付近）
所蔵：京都府立大学
浦賀・久里浜付近．浦賀は海岸が埋め立てられ，船舶の停泊する港湾になっているが，久里浜の浜は「久里浜海水浴」となっている．

表現されており（画面中央の左寄り）、ペリーへの対応に当たった奉行所が遺跡としてクローズアップされていることがうかがえる。さらに、その上部、久里浜《くりはま》には「北米水師　提督ペルリ上陸記念碑」という文字注記とともに、図の縮尺からするときわめて巨大な記念碑が描かれる。

　この一帯は、幕末の開港ページェントが記念される場として表現されているわけだが、そうした雰囲気は裏面の「遊覧案内」にも引き継がれている。「久里浜伯理上陸の地」という項目立てがなされており、その冒頭には次のように記される。

　この地は嘉永六年、幕府井戸石見守、戸田伊豆守をして、米使い伯理提督と接見せしめた地。蓼々と汀を洗ふ太平洋の波に向つて、屹立してゐる「伯理上陸記念碑」を仰ぐとき誰しも當時の劇的情景を想起して感慨無量なるものがあろう。

この「劇的情景」、いったいどんな場面を想像すればよいのか、正直なところ、よくわからない。ただ、その場面選択に少なからず影響を与えたのが、表紙に描かれた初三郎の「黒船浦賀来朝艦内日米最初交歓之図」（図29・左側）であることは間違いない。そこには日米双方が大勢で友好的に卓を取り囲み、飲食をともなって「交歓」される情景が表現されている。

一方、史料をみる限り、艦内で飲食をともなって会話をした最初は、浦賀奉行と偽って初期交渉にあたった与力・香山栄左衛門《かやまえいざえもん》と通訳らがペリー側の二人の艦長、司令長官副官と信書受け取りについての協議をした時であった。「自由に愉快に談話を交へた」（土屋・玉城訳一九四八、一二二頁）とあり、香山は外国の酒を好んで飲み干したといった記述もあるから、張りつめたなかでの会話ではなかったことは確かである。とはいえ、初三郎の描いたようなほぐれた場でもなく、日本側の者たちは「常に或る紳士らしい従容さと、教養の高さとを示す打ち解けぬ態度」（同、一二二頁）を保っていたとされている。

そうした歴史を知っていたかはさておき、初三郎は日米邂逅を打ち解けぬ態度のままの少人数の会談ではなく、大勢での「交歓」として可視化した。それは、その後の日本の歩

みから振り返った時のペリー来航の意義をプラスに評価したからにほかならない。初三郎は、鉄道や船舶といった交通網の発達に大きく依拠しながら自らの仕事を確立した。そうした近代化の源泉の一つとしてペリー来航をとらえたとき、「交歓」の場面が想起されたとしても何ら不思議はない。そこに、日本の現状に「感慨無量」となる自我をとらえてよいかもしれない。一人初三郎だけの心性ということでもなかったのだろう。初三郎の作品が好まれた所以である。

軍港都市の作法

先に金沢八景に見方の指南があることを書いた。ここでのペリーの記憶も

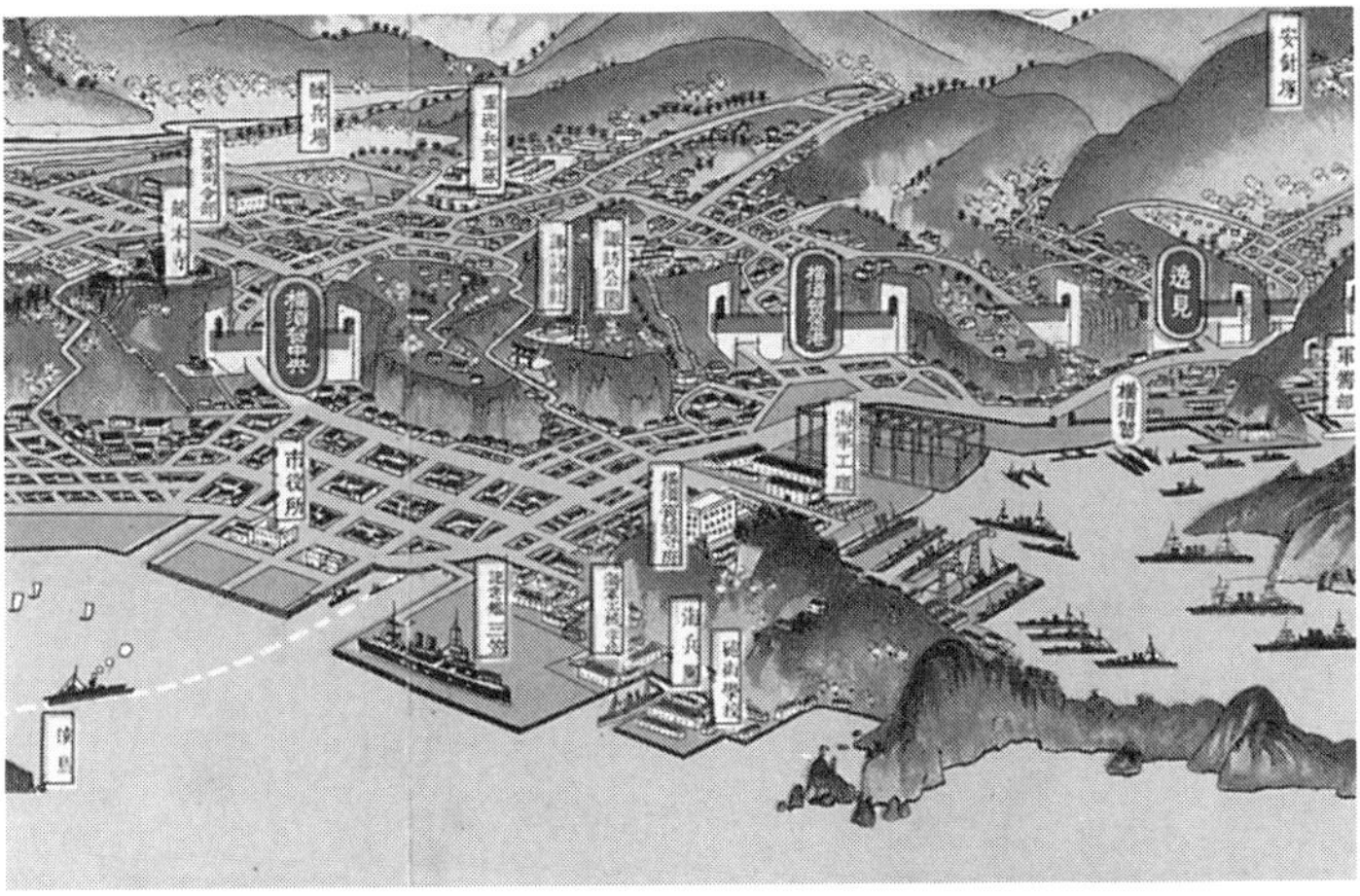

図31　吉田初三郎『湘南』（昭和5年）（横須賀周辺）
所蔵：京都府立大学
追浜駅〜横須賀中央駅付近.「海軍工廠」の文字部分（143頁）には巨大なガントリークレーンが描写されている.

また、歴史に対するある種の見方の提示となっているとみることができる。『湘南』には多くの作法が刻み込まれている。そうであれば、横須賀の町はどのようにみればよいのだろう。そのように考えてしまうのだが、実のところ横須賀にこそ、もっともあからさまな指南が書き込まれている。

　表面の鳥瞰図では、先に触れた金沢八景が描かれた面と、浦賀が描かれた面の間、右から数えて五面から七面までの下半分が「海軍の町」エリアである（図31）。湘南電鉄の駅名で言えば追浜《おっぱま》駅（一四二頁）から横須賀中央駅（一四三頁）あたりとなる。また、裏面に記された横須賀市についての概説は、まず明治二二年（一八八九）の鎮守府《ちんじゅふ》移設によって急激に発展を遂げ、今や「半島第一の繁華の地」となっていることが記され、諸艦隊の母港であること、そして陸には鎮守府や工廠《こうしょう》の大規模な建造物が並び、海には堂々威容を整えた艨艟《もうどう》が並ぶことが簡潔に描写された後、次のように記される。

街には水兵、士官が絡繹《らくえき》として続き誠に軍港横須賀は海軍の町で、海国日本の帝都防禦の地と心強さを感ぜせしめる。

ここには「海軍の町」という以外の作法で横須賀をとらえる余地は示されていない。何を当たり前のことを、と思うかもしれないが、多様な人が暮らし、多様な相貌をみせる都市にあって、もしくは多様な歴史的側面があるなかにあって、そうした多様性を一切捨象し、「海軍の町」という視点から見よ、というのである。その誘導の仕方には潔さすら覚える。

たとえば、図31の範囲には線路上の大きな楕円内に表現された五つの駅名、白抜きの楕円で囲まれた二つの地名（田浦・横須賀）、そして白抜きの四角で囲まれた一九の施設名が記されている。施設名をみると（表16）、先にみた『舞鶴図絵』とは大きく異なり、海軍施設に関する表記が豊富に掲載されており、沈黙どころか、おおいに宣伝されている。

表16で諏訪《すわ》公園は「その他」の施設に位置づけてはいるが、裏面の遊覧案内では軍港を

俯瞰する眺望がよいことや造船所建設をおこなった小栗上野介忠順《おぐりこうずけのすけただまさ》やレオンス・ヴェルニーの碑があることなどが紹介されており、「海軍の町」を可視化する場として地図に示された可能性もある。それを除くと、横須賀の多様性を示すのは、按針塚《あんじんづか》、憲法起草遺跡記念碑、諏訪神社、龍本寺、そして市役所しかない。

表16　『湘南』の横須賀周辺にみえる施設名

駅名	近隣施設名（軍隊関連）	近隣施設名（その他）
追浜	横須賀航空隊	憲法起草遺跡記念碑
湘南田浦	造兵部 水雷学校	
逸見	軍需部	安（按）針塚
横須賀軍港	海軍工廠 横須賀鎮守府 記念館三笠 海軍工廠学校 海兵団 砲術学校	諏訪公園 諏訪神社
横須賀中央	重砲兵連隊 練兵場 要塞司令部	市役所 龍本寺

たとえば按針塚は三浦按針が逸見に禄を得ていたことにちなんで建てられた宝篋印塔《ほうきょういんとう》で、憲法起草遺跡記念碑は伊藤博文の別荘にて明治憲法が起草されたことを記念するために大正一五年（一九二六）に設置されたものである。こうした点は、横須賀地域の歴史の豊かさを示すが、「海軍の町」イメージの前では消されてしまう。

　現代の私たちも時にそうした色眼鏡をかけて横須賀をみてしまうが、この鳥瞰図の読者たちもまた「海軍の町」なるイメージを強く持ったことになる。

さて、こうした者たちにさらなる作法を教授するのが、裏面にある「軍港見学の仕方」「三笠《みかさ》見学の仕方」という二つの見学指南である。まず、軍港見学の仕方からみておこう。

軍港見学

軍港見学の仕方

1. 予め横須賀海軍鎮守府観覧部宛に書面又は口頭で届出ること。
2. 見学の時間は朝九時から午後四時迄、指導者が説明して見学させてくれる。
3. 見学順序は先づ工廠で軍艦の出来る所を見、次に軍艦の内部を見、最後にランチで対岸の追浜飛行場に行き航空隊の作業を見るので優に一日かかる。観覧は無料である。

鎮守府にあらかじめ申し込んでおけば、観覧が可能であり、その内容は工廠での軍艦建造見学、軍艦内の見学、航空隊（追浜）と盛りだくさんで「優に一日かかる」コースであった。指導者が付くというのは、もちろん観覧者の行動を統制する意味あいもあるが、観覧者側から好意的にみれば専門的なガイド付きのコースということになる。

ただ、この見学の仕方は、大正四年（一九一五）もしくは大正一四年に刊行されていた『横須賀案内記』に載る見学方法と比べると、申請先が市役所を通じたものであったのが

表17　横須賀工廠・軍艦の見学の変化

	大正4年『横須賀案内記』 大正14年『横須賀案内記』	昭和5年『湘南』
手続き先	市役所庶務課	鎮守府観覧部
手続き期日	前日まで	前日まで
見学時間	午前9時から11時 午後1時から3時	午前9時から午後4時
見学の仕方	鎮守府の案内者・市吏員	指導者が解説
遵守事項	9つの記載	記載なし

鎮守府に直接申請するように変わっていたり、また『横須賀案内記』時点では午前と午後にわかれて二時間ずつの観覧であったのが、『湘南』では七時間をかけた一日コースとなっていたりと、ずいぶん違う（表17）。『横須賀案内記』は市役所による刊行で、より細かく記載されている可能性があるため、詳しく比較することは難しいが、利用者にとってみれば簡便かつ充実した方向に変化していることは間違いない。

こうした変化の背景に、ワシントン海軍軍縮条約をうけた海軍省の対応という側面を考える必要がある。たとえば大正一三年四月一二日、海軍省内に軍事普及委員会の設置が示された（「海軍軍事普及委員会組織ノ件」、五月一日決裁）。その目的は、国民の海軍に対する知識が「極めて幼稚」なので、海軍のことを広く「通俗的に紹介」し、志願兵の増加など海軍の利となるための普及を図ることだという。『湘南』に多くの海軍施設名が掲載されているのも、こうした動きが海軍省内にあったからかもしれない。そしてまた、この普及委員会の調査研究の対象の一つには「海軍見学者の案内」という項目もみられる。

当時の国民の海軍知識が「極めて幼稚」であったとする物言いには、海軍省内のある種の焦りを感じることができる。いずれにせよ、兵力が削減されたなかにあって、海軍省が国民への普及と教化の動きを強めようとしたことは確かである。より国民に親しまれるような工夫の一つが、こうした鎮守府の観覧の変化に表れている可能性があるだろう。

三笠の見学

もう一つの指南は、「三笠見学の仕方」である。記念艦「三笠」については、今なお横須賀に据え付けられ、公開されているので、多くの説明は要しないだろう。ワシントン海軍軍縮条約にて廃艦となったが、記念艦として保存されることが決まり、大正一五年（一九二六）に横須賀で展示されることになった。『湘南』の刊行はそれからわずか数年後であったことに加え、日露戦争のイメージが社会にまだ十分に広がっている時期であった。裏面の遊覧案内において、「横須賀で見逃してならぬものは、日本海大海戦当時の旗艦「三笠」である」と、横須賀では注目しなければならないものとして、大きく取り上げられたのである。

「三笠」の見学は、工廠や軍艦の観覧とは違い、次に掲げるように、事前申し込みの必要がなく、また案内者や指導者による引率形式でもない、自由な見学形態であった。

三笠見学の仕方

1．湘南横須賀中央駅から東へ六七丁。海軍工機学校東側にある。

2．観覧券は正門前で売っておる。大人十銭。

3．入場時間。

自四月一日至十月三十日、午前八時十五分から午後三時迄。

自十一月一日至三月三十一日、午前九時十五分から午後三時半迄。

退場は午後四時。

こうした「三笠」の利用と、より簡便かつ充実した工廠や現役艦の見学という二つの側面で、海軍の普及を図っていたのが、当時の横須賀であった。そして、『湘南』においても、こうした海軍の思惑を踏襲する形で、「海軍の町」としての作法を提案していたことになる。

さらに付言すれば、この『湘南』が刊行された昭和五年（一九三〇）四月一日は、横須賀と東京で「日本海海戦二五周年記念　海と空の博覧会」が開催されていた。ちょうど「三笠」ならびに海軍が大きくクローズアップされる時期に応じた「海軍の町」の作法提案であった。

呉――一九三五年

三　呉　線

呉を描いた初三郎の鳥瞰図『三呉線図絵《さんごせんずえ》』は、三原―呉間を結ぶ三呉線が全通したことを記念したもので、開通した昭和一〇年（一九三五）一一月二四日を発行日としている。発行主体は、呉市役所内に設置された三呉線全通式祝賀協賛会である。呉は西の広島側とは早くから鉄道で結ばれていたが、呉以東には伸びておらず、東からのアクセスが課題であった。三呉線はそうした呉の交通事情を解消すると同時に、安芸《あき》の瀬戸内海岸沿い各地にとっても待望の路線であった。

先に、横須賀を描いた『湘南』が「海と空の博覧会」と時期が重なっていたと述べたが、この『三呉線図絵』は呉の二河公園と川原石海軍用地で開催された「国防と産業大博覧会」が閉会して半年後の刊行となっており、その意味ではやや時期を逃した感がある。ただ、それは鳥瞰図の問題ではなく、三呉線の開通時期の問題であり、実のところはむしろ博覧会側の問題であった。というのも、本来この博覧会は三呉線の開通を祝すことを目的に企図されたものであったが、国際連盟脱退などによる社会情勢の変化のなか、国防と産業振興を前面に打ち出した大博覧会を開催すべし、という機運が盛りあがり、博覧会の計画が変更されたことで、三呉線開通の時期を待たずに開催されたのである。

なお、鳥瞰図だけでいうと「国防と産業大博覧会」の開催にあわせて『呉市名所図絵国防と産業大博覧会記念』が呉市役所から刊行されている。ただし、これは吉田初三郎の手によるものではなく、初三郎の元弟子、金子常光の手によるものであった。

『湘南』から五年、『舞鶴図絵』からでも約一〇年しか経っていないが、『三呉線図絵』の刊行された昭和一〇年は、海軍をめぐる状況、もしくは世界のなかの日本の位置は、大きな展開がみられる最中にあった。よく知られたように、日本は昭和八年三月に満州事変を契機に建国された満州国が不承認となったのを不服として国際連盟の脱退を表明し、二年後の昭和一〇年三月に脱退が正式発効となった。さらに、昭和九年一二月にはワシントン海軍軍縮条約の破棄を通告し、軍拡化の方針を内外に示すようになる。呉の博覧会が、国際連盟脱退の正式発効日を起点に、国防と産業を謳って始まったことは、そうした時代背景を色濃く示している。

図32　吉田初三郎『三呉線図絵』（昭和10年）（表紙）
所蔵：京都府立大学
同じ瀬戸内海にうかぶ船だが，帆船と軍艦の描写はまるで違う．

瀬戸内海と軍港

こうした点をふまえつつ、『三呉線図絵』の表紙と裏表紙をみてみよう（図32）。画面下部には瀬戸内海の小島の周りに帆船が描かれ、上部の空には飛行機（軍用機）が三機、飛んでいる。海ははっきりと描かれるのに対し、空は薄く表現されるため、飛行機も薄雲のなかにあるかのようである。ただ、そうした海と空の構図の中央には、写真を模した絵が大きく挿入される。その大きさは画面の半分に迫る勢いであり、主題がこちらにあることは疑いない。背景が薄青から青を基調とした昼間の情景であるのに対し、写真（絵）は濃紺の夜景となっている。空には月が昇り、後ろの方には街明かりもみえ、静かな雰囲気を作り出す。その雰囲気に緊張感を与えるのが最前面に描かれた大きな船である。それは砲台を備えた軍艦で、図32のように表紙と裏表紙を広げることで初めてその威容を現すのだが、折りたたんだ状態であっても、表紙側（画面左側）に砲台が位置しているために、認識するのは容易である。

三呉線沿線を読者に伝えるにあたり、初三郎が選んだのは穏やかな瀬戸内海（芸予諸島）と、軍拡基調のなかで躍動する呉の海軍であった。この二つの視点を強く持っていたことは、初三郎による「絵に添へて一筆」の小文からもうかがえる。瀬戸内海については国立公園の絶勝が車窓から見え、「見渡せば緑静かな島影を、夢か白帆の五ツ六ツ、霞の中に消えてゆく、絵にも筆にも尽せぬ情景」と、まさに表紙の解説かのような文を載せている。そして、呉についてはこう述べる。

軍港に依つて生れた、新興都市、呉が、今如何に世界の平和、東洋の平和の為に重要な使命を帯びた天地であるかは、今更説く迄もなく隣接、山陽第一の雄都廣島市と相結び、西に宮嶋、東に木之江、大三島《おおみしま》を抱き、その景観と情趣に至つては、まさに絶筆の別天地であらう。更に対岸伊予松山道後を席捲せる一大観光中心都市としての輝かしい面目を見よ。

表紙と対応するのは、前半の「世界の平和、東洋の平和の為に重要な使命を帯びた天地」というくだりだろう。国際連盟を脱退した日本は、まさにこの後、東洋の平和、世界の平

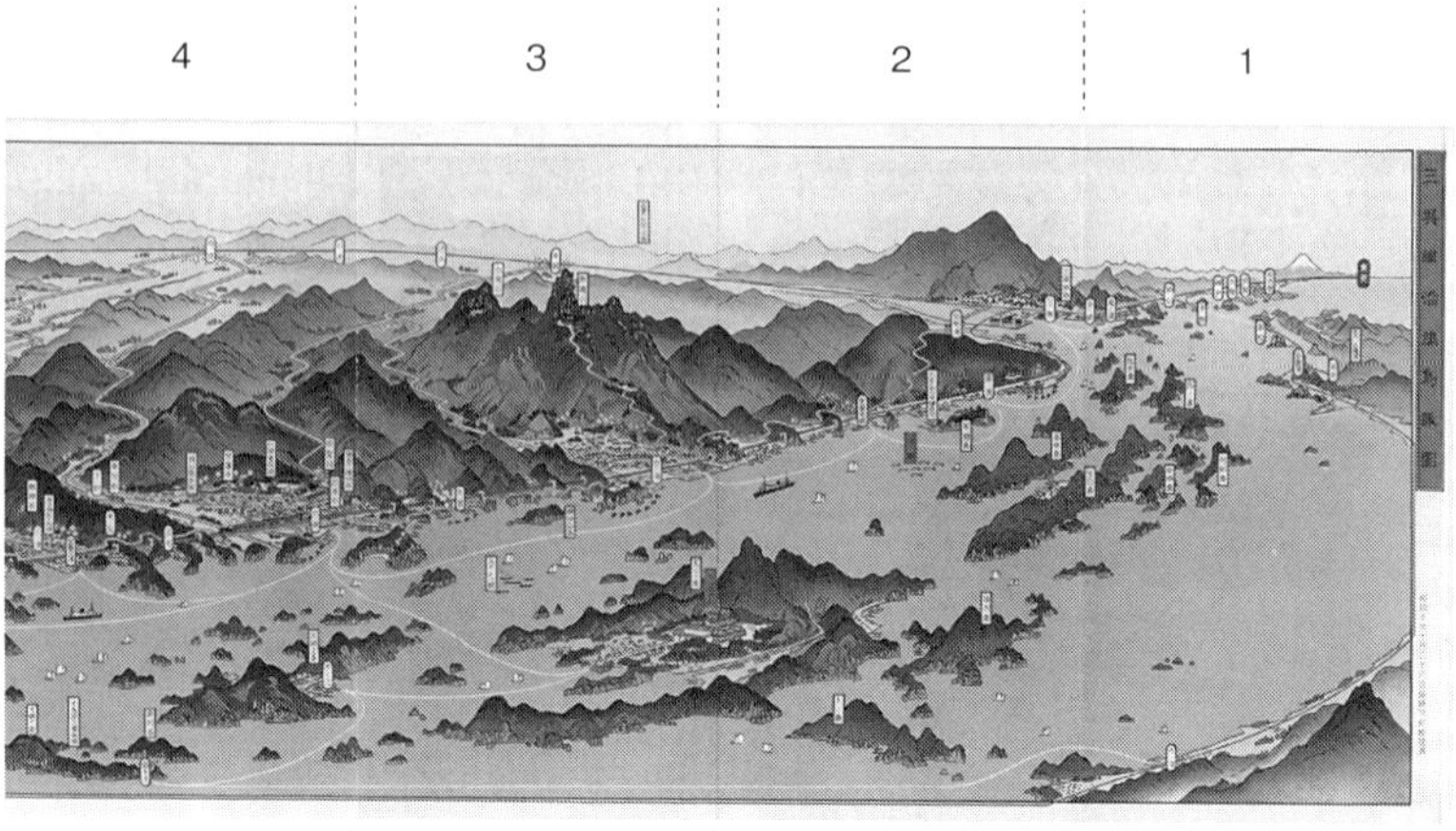

画面上部，右から
２つ目が三原

和のためと称してアジアへの進出を強めていく。軍港都市呉がその一翼を担ったことは間違いない。

　ただ、初三郎はそうした点を「今更説く迄もなく」と軽く受け流し、周囲の名所も加味して呉の景観と情緒が素晴らしく、松山・道後をも含みこむ「一大観光中心都市としての輝かしい面目を」見るべしとのメッセージを発して呉の記述を終える。本図の主題が三呉線であり、その乗客誘引が主な役割であることからすれば、そうした景観美に回帰し、また観光中心都市としての役割を強調するのは、むしろ当然なのかもしれない。全国各地で地元からの依頼を

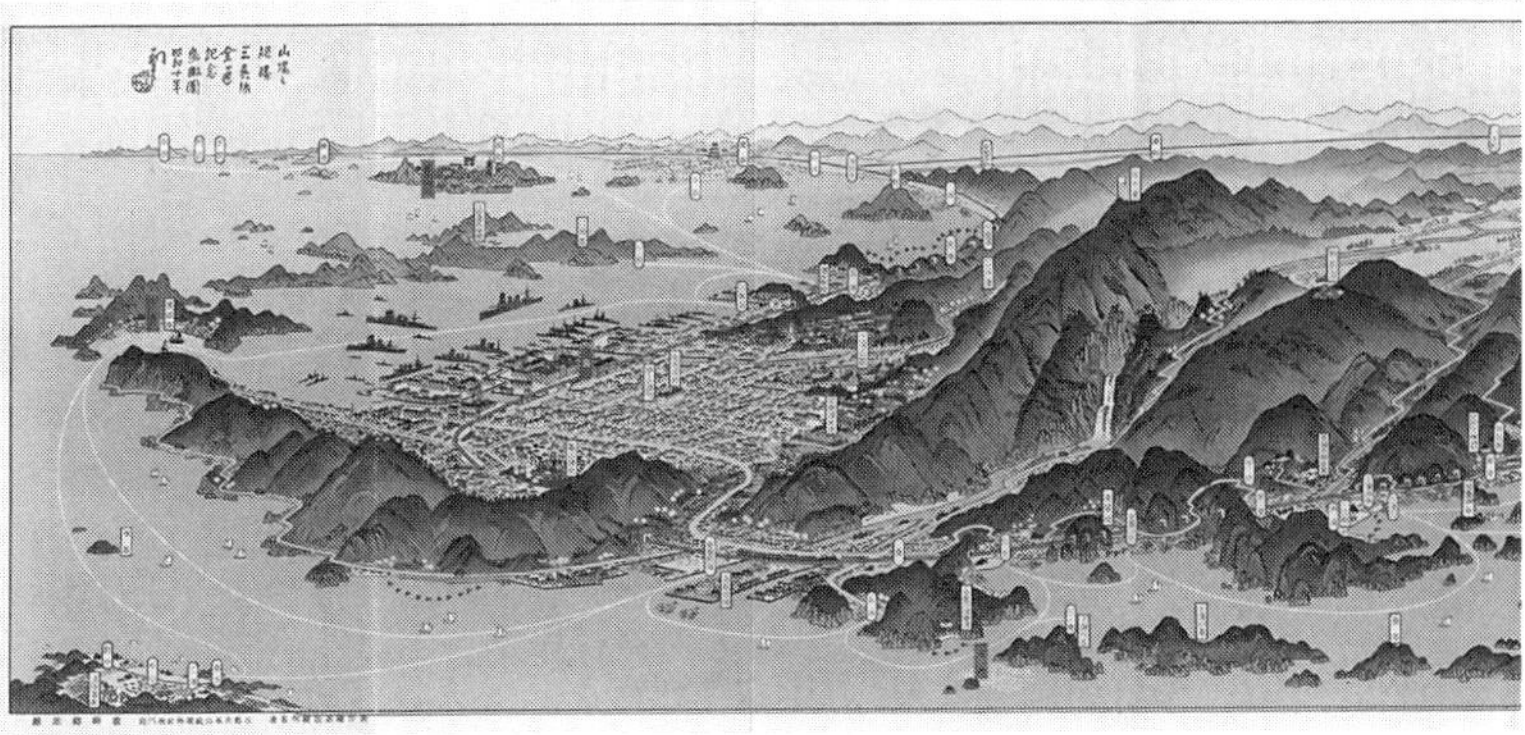
8
7
6
5
画面中央の海峡が音戸瀬戸
画面中央が呉市街地
画面下部，中央にあるのが広

図33　吉田初三郎『三呉線図絵』（昭和10年）
所蔵：京都府立大学
三原（画面右）から呉（画面左）の海岸線が大きく湾曲して表現されている．

受けて数えきれない鳥瞰図を描いた職業画家、初三郎にとって、そうした依頼主や読者の求めるイメージを提供する作法は十分に心得たものであった。

二つの視点

さて、鳥瞰図を確認していこう。『三呉線図絵』の鳥瞰図は「三呉線沿線鳥瞰図」という名称が付されている。折図形式となっており、折り目によって画面は八分割でとらえることができる（図33）。三呉線の一方の起点である三原は右から二面目上部にある。そこから右から六面目下部にわたって右上から左下にかけて海岸線（路線）が表現されており、これ

表18　『三呉線図絵』内の芸予諸島付近の文字注記（島名・港名除く）

ジャンル	名　称
海	猫瀬
生物	ナメクヂウオ棲息地　浮鯛　スナメリ鯨
養殖	大長国立養魚場
祭祀	大山祇神社　柏島神社

らの二〜六面は左上が陸地、右下が瀬戸内海という構図が採用されている。六面目の線路がもっとも下がった地点が航空隊の位置した広である。そこから七面目で線路はトンネルに入り呉市街に入ったところで大きく方向を変え、画面右上へと進み呉駅に至る。海岸線も七面目からは左上へと上がるようになり、八面目にある音戸瀬戸《おんどのせと》で方向を大きく変えて呉市街に入っていく。

　このように初三郎鳥瞰図においては、三呉線は三原—広と広—呉とで大きく構図を変えている。そして、それはそのまま表紙に描かれた二つの特徴に対応していた。画面右側が瀬戸内海（芸予諸島）、左側が軍港である。

　このうち、芸予《げいよ》諸島付近に記載された文字注記には、「ナメクヂウオ」「鯛」「スナメリ鯨」といった生物名が多いことに気がつく（表18）。海洋生物に関わる注記は、これまでの『舞鶴図絵』や『湘南』にはまったく確認できなかったもので、『三呉線図絵』の特徴となっている。これは瀬戸内海そのものを売り出そうとする視点に起因していると言えるが、そうした動きは一人、初三郎だけにあったわけではない。当時、瀬戸内海は推すにふさわしい状況にもあった。大正末から昭和にかけては、日本新八景や日本二十五勝、日本百景など、各地の景勝地を「日本」という枠組みのなかで顕彰・保護・利用しようという動きが民間レベルで沸き起こった時代であった。そうしたなかに屋島・鞆《とも》の浦（日本二十五勝）、赤穂御崎《あこうみさき》・下津井《しもつい》海岸・忠海《ただの》海海《うみ》海岸・室積湾《むろづみ》（日本百景）といった瀬戸内海の風景も選ばれている。このうち、忠海海岸は三呉線沿いに位置する景勝地であった。

また、この時期、国レベルにおいても史蹟名勝天然紀念物保存法（大正八年〈一九一九〉施行）や国立公園法（昭和六年〈一九三一〉施行）といった法体系の整備とともに、文部省や内務省によって自然環境の調査・保護・利用が図られていた。昭和九年には最初の国立公園が三件指定され、そのうちの一つに瀬戸内海国立公園が選ばれていた。この時点の範囲は備讃《びさん》瀬戸に限られており、芸予諸島一帯は含まれていなかったが、同じく初三郎の手による昭和八年の『世界之公園瀬戸内海御案内』（瀬戸内商船）に「名勝と史蹟と伝説とで隙間もなく囲繞《いにょう》されたる讃予芸備の各島嶼間を縫航するをもつて沿線の名所数うるに遑《いとま》なき」とあるように、讃予芸備の海域をもって瀬戸内海とする認識は一般的であった（橋爪二〇一四）。

文化財としての保護をみると、芸予諸島海域ではナメクジウオ生息地が昭和三年に、スナメリクジラ廻游海面が昭和五年に、それぞれ国の天然紀念物に指定された。いずれも『三呉線図絵』にあった注記である。初三郎は、こうした国の指定の動きを図に反映させたことになる（この海域ではほかにアビ渡来群游海面も昭和六年に指定されているが、こちらは図にはなく裏面でのみ紹介されている）。

このように、当時、瀬戸内海の美しさは官民ともに共有され、そして盛んに宣伝されていた。『三呉線図絵』に表れた瀬戸内海への視線はそうした社会背景を適切にふまえたものとなっている。

「後ろ側」の呉

さて、本書の本題でもある軍港都市はどうだろう。『三呉線図絵』のなかで、呉は左側の三面分を使ってひときわ大きく表現されており、三呉線沿いの他都市と比べると破格の扱いである。呉が本図の主題のひとつであることは間違いない。

ただ、呉は三呉線の他都市とはちょうど反対方向に海を臨む構図となっており、全体からみると「後ろ側」に向いている印象を与える。呉市街の東側には音戸瀬戸に向かう山地が半島状に延び、東隣の広とは山地による断絶があることは間違いないが、実際の地図で確認すると、呉も他の都市と同じく南方向に海を臨む都市である（図34）。初三郎の手にかかれば、呉を他都市と同じ方向に配置する構図を取ることも容易だったと思われるのだ

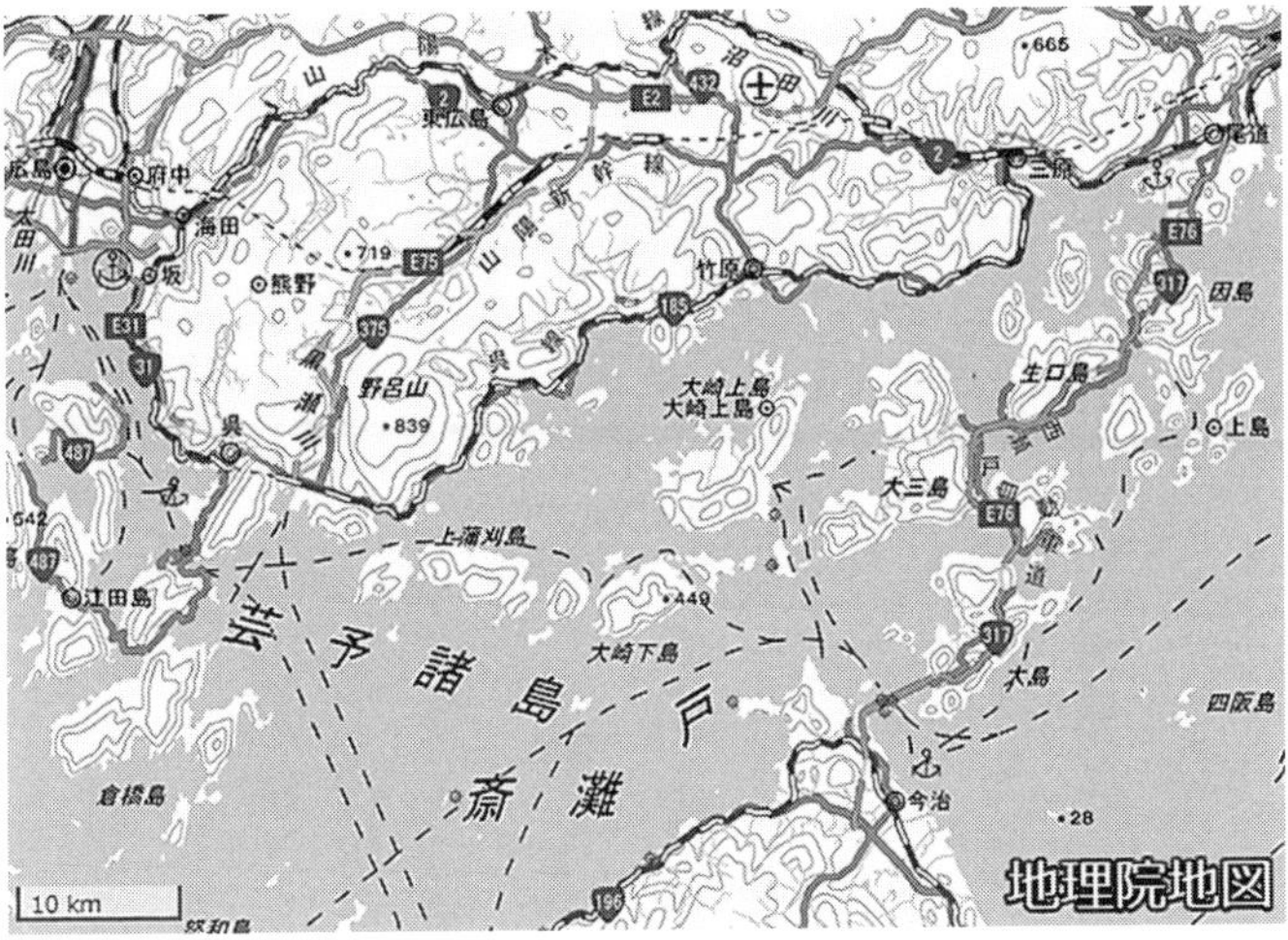

図34　広島県東部の海岸線
出典：地理院地図

が、そうしなかったことをみると、そこには何かしらの意図が感じられる。

もちろん、そこに鳥瞰図としての完成度の追求という側面があることは間違いない。初三郎は自らの作品を「初三郎式鳥瞰図」と銘打つほど、そのオリジナリティに自負を持っていた。『三呉線図絵』の場合、三原から広付近にかけての芸予諸島と、音戸瀬戸に至る半島とがアーチ状になる構図——もっと言えば、そのアーチの延長線が三原—海田《かいた》間の山陽線のラインにうまく接合し、全体として横長の円を構成するような構図——が採用されており、ダイナミックさと一体感とを合わせもった仕上がりとなっている。

表19　『三呉線図絵』内の呉・江田島の施設記載

駅・港	施設名		
吉浦	潜水学校		
川原石			
呉	二河公園	二河滝	平原浄水池
	呉市役所	商工会議所	亀山神社
小用（江田島）	江田島兵学校		

しかし、図34をみてもわかるように、音戸瀬戸の半島ではなく、呉から西側の海岸線を使う方が、実際の地形に沿った形でアーチないし円を描くことができる。そしてそうすれば、呉が「後ろ側」に回り込むことも回避できる。それにもかかわらず、初三郎は実際の地形ではなく、音戸瀬戸に向かう半島を大きく湾曲させる構図を採用したことになる。

沈黙の軍港

「後ろ側」に回った呉には、どのような情報が記載されたのか。表19は呉および呉の南側に位置する江田島《えたじま》のなかに記された施設名を抽出したものである。そこには、潜水学校（吉浦《よしうら》）、江田島兵学校（江田島）の記載はあるものの、それらを学校施設とみなすならば、海軍施設に関わる注記は一切みえない。先に確認した『湘南』における横須賀周辺の記載と比べて、その沈黙具合は明らかである。

一方で、呉市街の全面の海域には、明らかに商用船とは異なる形状の船舶がずらりと並ぶ風景が描かれている。これが軍艦であることも明らかで、沈黙してもなお隠し切れない威容さ／異様さが呉の周辺には表れている（図35）。これまでみてきた鳥瞰図もそうであ

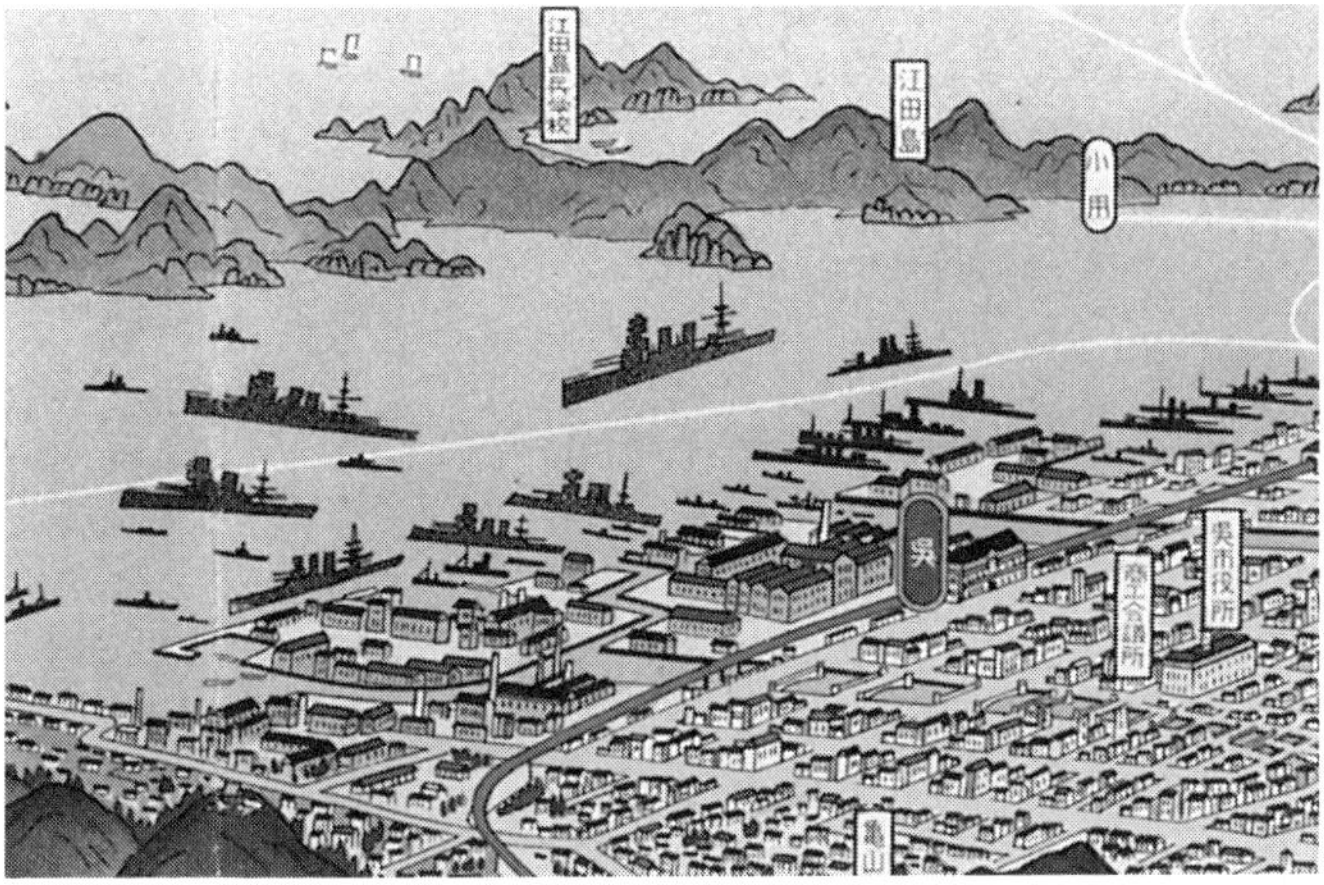

図35　吉田初三郎『三呉線図絵』(昭和10年)(部分)
所蔵：京都府立大学
呉周辺の描写．呉駅よりも左側（南側）は多くが軍・工廠関係の施設だが，文字注記は一切みえない．

ったが、この図も軍による検閲が入り、許可を得て刊行されている。となれば、文字注記さえ入れなければ、軍港を表現することは許された、ということになる。ただし、『舞鶴図絵』の描写とは異なり、『三呉線図絵』では鎮守府や工廠の本体の表現が一切ない。軍の機密保持という側面と、軍の威力誇示という両者を折衷する落としどころが、このあたりだったということだろうか。

ただ、隣接する広については「呉航空隊」という文字注記とともに、二機の航空機が付近を飛行する様子が表現されている。この航空隊は、呉鎮守府に属する海軍航空隊であり、教育機能は持っていない。その他の例に倣えば

表20　鎮守府・海軍工廠の描写比較

資料	刊行年月	鎮守府		海軍工廠	
		絵画表現	文字記載	絵画表現	文字記載
『舞鶴図絵』	大正13年3月(1924)	○	×	○	×
『湘南』	昭和5年4月(1930)	○	○	○	○
『三呉線図絵』	昭和10年11月(1935)	×	×	×	×

文字注記は付されないようにも思われるが、そうはなっていない。折衷表現が地域によってバランスを欠いたものとなっている。

これは実は初三郎以前からすでに確認できることであり、先にも触れた「国防と産業大博覧会」の開催にあわせて昭和一〇年（一九三五）三月に作られた『呉市名所図絵　国防と産業大博覧会記念』でも、すでに呉と広とでは表現が違っている。

海軍施設と鳥瞰図

こうした規制の空間的範囲という点を、先に確認した舞鶴、横須賀の鳥瞰図と比べてみよう（表20）。ワシントン軍縮期の初期に描かれた舞鶴、同じくその最中に描かれた横須賀と比較すれば、再び軍事力強化へと舵を切った時期の呉が、海軍施設の表現に対する規制が厳しくなるなかでの制作だったことは明確である。

初三郎の鳥瞰図は詳細なスケッチに基づく精確な描写とダイナミックなデフォルメが特徴だという点は、すでに指摘をしておいた。この二つは初三郎式鳥瞰図のすべてにみられる特徴だが、軍事施設に対する統制が厳しくなるにつれ、少なくとも地物の精確な描写という点は後退を余儀なくされていった。その一方で、大胆な視点でとらえる特徴は、強調したいものを強調し、隠さねばならないものをうまく隠すことを可能にするという点で、当時の情勢に適合した描写法でもあった。その意味で、海軍施設と初三郎は、意外に良い組み合わせだったと言えるだろう。

軍港都市から平和産業港湾都市へ

呉の転換

軍港都市呉の建設と発展

軍港都市呉の誕生

本書の一八―一九頁で確認したように、明治一九年（一八八六）に全国を五つの海軍区に分け、各区に日本海軍の根拠地として艦隊の後方を統轄する鎮守府《ちんじゅふ》を配置することを定めた「海軍条例」が制定された。そのなかで、瀬戸内海および四国沖の太平洋を主とする第二海軍区を担当する鎮守府として設置されたのが呉《くれ》鎮守府である。標高七三七メートル《メートル》の灰ケ峰《はいがみね》をはじめとする山々に三方を囲まれ、唯一開かれた南西方面には江田島《えたじま》、倉橋島《くらはしじま》が控える、瀬戸内海の天然の良港。そして鎮台の置かれていた広島との近接性が評価されての設置であり、明治二二年七月に開庁した。

鎮守府開庁によって本格的な都市が成立していく点は他の軍港都市と変わらないが、呉の場合、後の軍港都市の中心付近には、漁業と市場を中心とした呉町が江戸時代から存在しており、地域経済の中心地となっていた。ちなみに、鎮守府設置の数年前である明治一八年の呉町は三六三九戸、一万七八一八人の規模であった。

このように鎮守府設置直前の呉は、すでに地域の中心的な役割を担う浦として成立していた。ただ、そうは言っても、鎮守府設置の前後に大きな画期があることは疑いない事実である。呉鎮守府所属の軍人はもちろん、呉海軍工廠《こうしょう》に勤める労働者たちが呉に集まり、そしてそのような軍人や労働者を相手にした商売をおこなう者たちが居住していく。結果、呉の人口は急速に伸び、そして多様な業種が立地する都市へと成長していった。そして、明治三五年には、和庄《わしょう》町、宮原村、荘山田《しょうやまだ》村、二川《ふたかわ》町が合併して呉市が誕生することになる。

明治四〇年に刊行された『呉案内記』は、合併直後からの戸数および人口の変化が記されている。それをみると、五年間で戸数・人口ともにおよそ一・五倍へと急成長していった（表21）。その後、本書二一〇頁でみたとおり、大正九年（一九二〇）には約一三万人の居住する日本で第一〇位の人口規模の都市にまで成長していった。

また『呉案内記』には、鎮守府開庁前後の産業構造の変

表21　呉市誕生期の戸数と人口の変化

	戸数	人口
明治35年（1902）	13,809	60,124
明治36年（1903）	14,287	66,395
明治37年（1904）	15,090	71,841
明治38年（1905）	17,170	80,021
明治39年（1906）	20,026	90,372

池田幸重『呉案内記』（田嶋商店，1907）より作成．

化も書かれている。それによれば、以前は農業・漁業従事者が八分、商工業者が二分の割合の土地だったが、鎮守府設置後は「実業界も大に面目を一新して商工業大に起り、耕作、漁者は皆無の姿」（五六頁）になったという。第一次産業中心でありながら商工業者が二割ほど存在したところに、江戸時代以来の呉町の特徴を感じさせるが、そうした地域が、海軍工廠をはじめとする第二次産業、そして多くの労働者や軍人の存在に依拠する第三次産業を中心とする都市へと変貌していったのである。

市街地と海の距離

市制を敷いてしばらく経った頃の呉の状況を示した地図の一つに、明治四四年（一九一一）一二月刊行の『呉市街略図』がある（図36）。街路や市街地の主要施設が丁寧に記載されており、当時を知るには有用な地図である。ただし、この地図を妄信すると、大きな誤解が生まれることになる。というのも、『呉市街略図』は市街地の南側の海岸部（図36では左側の点線付近）が省略されているからである。そこには海軍および海軍工廠にかかる用地が広がっていた。市街地西側は海岸線がわかるが、北から流れる二河川《にこうがわ》と堺川の河口付近はどうなっているのか、想像に頼るしかない。また、東南側は一見すると海岸線が描かれているようにみえるが、そうではない。海岸側に広がる軍有地はいっさいが消去されているのである。

実際の海岸線がどのようなものであったのかは、『呉市街略図』刊行の前年に測量（部

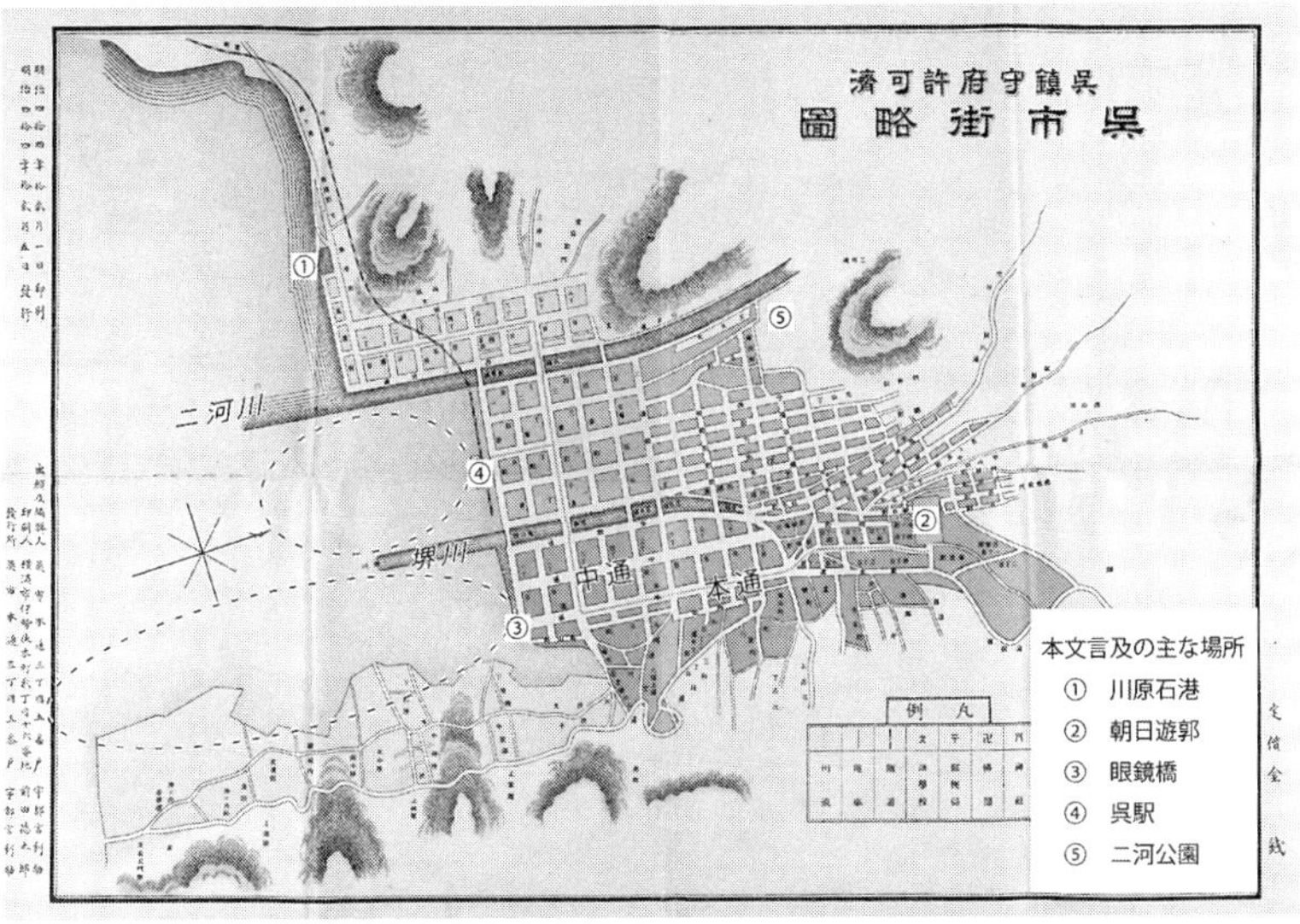

図36　『呉市街略図』（明治44年）
所蔵：広島県立文書館（広島市長長船友則氏収集資料）
本文に記載した主な場所を示した．また点線で囲んだあたりは軍有地が存在した．

分測量）された、陸軍陸地測量部・参謀本部による二万分一正式地形図「呉」をみればよい（図37）。そこには『呉市街略図』よりもはるかに広大な海岸部が表現されている。直線的な海岸で、そこが人工的な造成によって生まれた平坦地であることは明らかだろう。

図36や図37からわかるのは、呉が港を中心とした「港町」であるにもかかわらず、市街地と「海」との間には海軍用地が入り込み、両者が隔てられているという事実である。民間人が利用可能な港は、図36で海岸線が

図37　正式２万分１地形図「呉」（部分）
明治43年（1910）呉市付近部分修正測図，大正６年（1917）改版

描かれている市街地西側の川原石港のみであり、それ以外の海岸部はすべて海軍施設もしくは工廠施設となり、立ち入りが厳しく制限されていた。市街地部から軍有地部分への民間人の自由な立ち入りはできず、工廠の勤務者との面会は許可制であった。『呉案内記』では、そのような者のために手続きの大略と心得が記されている。その際も工場内への立ち入りは不可能であった。

そしてその地先の海面もまた海軍の利用に限定されていた。先に、『呉案内記』に「漁者は皆無の姿」と描写されていることを確認したが、呉は軍港都市化するなかで、漁をするための港も、漁のための海も大幅に失ってしまったことになる。

市街地の賑わい

ただし、実際には市街地と軍有地を行き来する者も多数いた。それは軍人であり、工廠の労働者たちである。同じく『呉案内記』の言葉に耳を傾ければ、彼らの活動が軍港都市・呉の名を高めていると同時に、彼らがいるために「月々数十万円の金は呉市に落ちて十余万の市民は種々に活動」（六九頁）できる。そのため、「軍人と職工とは呉の生命」（同上）と言っても決して過言ではないのだという。

では彼らは呉市街地のいったいどのあたりで金をよく使ったのだろうか。それを知る手がかりは、市街地における商店などの分布だろう。残念ながら、当時の状況を完全に理解できる資料はないが、幸い『呉案内記』にはいくつかの業種について、主な店舗とその住

表22　明治40年（1907）頃の市街地の商工業

業種	軒数			
	本通沿	中通沿	その他	計
銀行	8	0	5	13
（うち出張所）	(0)	(0)	(4)	(4)
商社	1	0	16	17
製造	0	1	4	5
医院・医師	9	7	17	33
回漕（運輸）	0	0	8	8
銭湯	6	3	31	40
旅館・料理店	8	17	5	30
劇場・寄席	2	3	9	14
貸席	0	0	45	45
券番	0	1	2	3
その他	1	0	4	5

池田幸重『呉案内記』（田嶋商店，1907）より作成．
商社・商店によっては2か所に計上されている場合があるが，そのままとしている．

所が記載されている（表22）。これらの立地をみていくと、特定の業種が集中する地区・街路があることに気がつく。

その一つは本通であり、銀行の多くが店舗を構えるなど、金融業務の中心が本通にあることがうかがえる。図36や図37にも表現されているように、本通には路面電車が通っており、市街の南北路の軸線であった。医院・医師も集中しており、銭湯や旅館・料理店も多い。本通を写した絵はがきには、路面電車、幅広い道路、乱立する電信柱、鈴蘭灯、そして多くの人びとと商店が続く道路の相貌が表れている（図38）。

本通の一本西の南北路、中通も特徴的な通りである。掲げられた旅館・料理店のうち、半数以上が中通沿いに位置しているほか、『呉案内記』で中国地方随一の広大で美麗な劇場と褒め称えられる「呉座」をはじめとする劇場・寄席があった。本通の業務地区の中心に対して、中通は盛り場の中心としての性格を色濃くしていく。なかでも中通七丁目付近は「千日前」、中通四丁目付近は「第二千日前」と呼ばれ、さまざまな興行がなされる場

図38　絵はがき『本通り四ツ道路』
所蔵：京都府立大学

であった。『呉案内記』には明治四〇年（一九〇七）一月に両地で開催された興行一覧が掲載されており、その賑わいのほどがうかがえる（表23）。

二つの通りの賑わいは、昭和九年（一九三四）に刊行された『新版　呉軍港案内』のなかで一層鮮やかに描写される。そこでの本通は「粒よりの代表的一流商店」（七三頁）が並び、盛り場などはないと紹介される。一番早かった道路舗装、優美な銀行をはじめとする建築物、鈴蘭灯、鉄製の電柱は、いずれも美しいとされ、どの町よりも気品ある通りであった。

一方の中通は、呉市の発展とともに生まれ出た近代的な「カフェー」「その他バー」「喫茶店」が

表23　『呉案内記』のなかの中通の興行

千日前		第二千日前	
曲馬および自転車曲乗り	珍奇なる動物	娘剣舞	西洋奇術
猿芝居	動物会	大阪大相撲	印度産の動物
壮士芝居	牛小僧	猫芝居	その他種々
親鸞聖人一代記の活人形	抜首美人	奇形児の諸芸	

集中する街路として取り上げられる。道路舗装も感じがよく、市内で最初に付いた鈴蘭灯に輝く夜景はとくに美しい。カフェーの採光やサービス、設備、それから雰囲気は「一流大都市」に劣らないもので、「新興都市にふさわしい、はつらつたる跳躍ぶり」（一四九頁）とされている。一方で、そうした「一流」の都市とは違う呉市街独特の異彩を放つのが艦隊入港のときで、「海の勇士歓迎」「祝無敵艦隊入港」といったビラや立看板が立てられ、他の都市にはない「繁栄と愉悦、近代的ないきいきとした軍港情緒」が現出する（一四九頁）。呉市を代表する歓楽街、それが中通であった。

さらに本通、中通を北上した地点には朝日遊廓が存在した。『新版　呉軍港案内』では市内のカフェー隆盛に対抗して、洋装化・近代化を進め、客の気を引こうとする営業努力が紹介されるが、その営業努力の矛先は、やはり「海軍さん」「職工さん」であった。

市街地の賑わいを支えた海軍兵や職工の勤務地は海岸部にある一方、彼らの居住地は市街地側にあったから、当然、朝夕には市街地と海岸部との間で人の移動が起きる。そのふたつの地域の境界を象徴的に示すのは、本通をまっすぐ南に向かい軍用地の第一門、そしてその直前に通過する眼鏡橋であった。『新版　呉軍港案内』では、眼鏡橋での朝夕のラッシュアワー時の雑踏を「万余の軍人と工廠従業員の流れで軍港!!労働都市!!という実感がみちあふれている」（七四頁）と評している。

こうした、断絶があるものの連続する海岸部と内陸部の二極構造は戦前・戦時中を通じて維持されていくことになる。その構造に大きな変化が訪れるのが呉空襲であり、終戦にともなう海軍の消滅であった。

市街地の戦後復興の基盤

空襲と終戦

呉は昭和二〇年（一九四五）の三月から七月にかけての五か月間に一四回の空襲被害に見舞われた。その多くは軍施設や港に停泊している艦艇に対するものだったが、七月一日から二日にかけての深夜になされた空襲は、主に市街地を対象とした焼夷弾攻撃であった。

この市街地への空襲により、死者数一八〇〇～一八七〇名、負傷者数四三〇～二〇〇〇名、全焼全壊家屋二万二〇〇〇～二万二五〇〇戸、半焼半壊家屋八〇～二三〇戸、罹災者数一二万二五〇〇～一二万五〇〇〇名にのぼり、市街地の大半が焼失する甚大な被害を被った（図39）。昭和一九年末の人口・戸数がそれぞれ二九万三六三二名・六万九六六四戸であったことをみても、その被害の大きさがうかがえる。

図39　呉空襲後の市街地（昭和20年８月７日）
呉市史編さん室編『呉・戦災と復興—旧軍港市転換法から平和産業港湾都市へ—』（呉市役所，1997）より転載
所蔵：（U.S.）National Archives

また、七月二四日と二八日になされた呉軍港への空襲では、戦艦「榛名《はるな》」「伊勢《いせ》」「日向《ひゅうが》」が大破し、航空母艦「天城《あまぎ》」と巡洋艦「大淀《おおよど》」が転覆したのをはじめとして、ほぼすべての艦艇が航行不能となり、軍港としての機能が失われる事態となった。

これらの空襲により、呉鎮守府や呉海兵団といった軍施設はもちろんのこと、市街地にあった呉市役所や呉駅、商工会議所、郵便局、市立病院をはじめとする病院、それに市街に位置した学校といった主要な建物のほぼすべてが灰燼に帰した。それから間もなく、戦争は終わりを迎えることになるが、呉は空襲被害からの復興が戦後にまず取り組まねばならない大きな課題となった。

さらに終戦は、海軍の解体とそれにともなう海軍工廠の閉鎖という、もう一つの問題をも呉にもたらした。前節でみたように、呉の市街地の繁栄を支えたのは軍人であり、工廠の労働者たちであった。戦後の復興は、軍人と工廠労働者に大きく依存してきた都市構造を大きく変更する必要にも迫られたのである。これは、軍港都市として急成長した呉にとって、きわめて難しい問題であった。もちろん、そうした事態は呉だけでなく、他の軍港都市にもあてはまる。

連続性と断絶性

終戦による海軍と海軍工廠の解体は、軍港都市から都市基盤を奪うことになった。その意味で、軍港都市の歴史には戦前と戦後とでは大きな断絶があるといってよいだろう。

ただ、そうした視点には連続する部分への注目が乏しくなる危険があることに、自覚的でなければならない。当たり前のことだが、海軍や海軍工廠が解体されたからといって、それまでの都市のすべてがリセットされ、まったく新たな都市が戦後に誕生したわけではない。ある要素は断絶する一方で、ある要素は連続する系譜を携えつつ、都市は全体としての歴史を紡いでいく。

また、断絶・連続の両面は、時間的な側面のみならず、空間的な側面にも当てはまる。軍港都市の場合、市民生活が展開する市街地部分と、海軍鎮守府ないし海軍工廠のおかれた海岸部とは、空間的に連続はしていたが、確固たる境界線で区分されていた。しかし、当然ながら軍人や工廠で働く労働者たちも市街地部分でさまざまな活動をおこなっていたのであり、空間的にみても、断絶しているが連続しているという側面が浮かび上がる。

こういった軍港都市にあった空間的な断絶・連続が、戦後の都市復興のなかではどうとらえられ、実際にどうなったのか。そうした点について、引き続き呉を事例にみていこう。

港湾利用の模索

昭和二〇年（一九四五）一一月、戦後最初の市長となった鈴木登《すずきみのる》は、呉市の復興として平和産業都市を目指す計画を進めていることを明らかにした。それは旧海軍工廠跡に民営の平和産業工場を開設し、またそのような都市構造の変化に応じた都市計画の作成を念頭においたものであった。同月には産業部・教育部・民生部と並んで都市計画部、そして海軍施設の転換を計画する転用部からなる呉市復興委員会が設置されるといった動きもみえる。

戦前の呉は、海岸部と内陸部とが門によって分断されていた。それは海岸部が海軍用地であったからにほかならないが、その海軍がなくなった戦後の呉にとって、海軍施設を民間転用し、空間的にも機能的にも都市の連続性を強めていくことが、ほぼ唯一の復興への道と目されたのである。

鈴木はこの直後に市長を辞すが、その後に市長となったのは港湾土木業を手掛ける水野組（現・五洋建設）の水野甚次郎で、水野の下でもこの呉市復興委員会を受けついだ建設委員会がおかれた（呉市史編纂委員会編一九九三）。その中の都市計画部では将来、呉軍港が持っていた日本有数の港湾設備と陸上施設を利用して、国際貿易港となった場合を想定した都市計画案が議論されている。

しかし、海軍施設をすぐに自由に使うことは不可能だった。昭和二〇年一〇月六日に進駐しはじめたアメリカ軍によって、そして翌年からはアメリカ軍に代わって呉に進駐したオーストラリア、イギリス、インド、ニュージーランド各国の軍隊からなる英連邦軍によって（図40）、旧海軍官舎地域や海兵団跡地といった海岸地区はその大部分が接収されていたからである。また、その南にある旧工廠地区にも、賠償対象として進駐軍の管理下におかれた施設・設備が多数ある状況であった。翌昭和二一年になると、許可を得た播磨《はりま》造船所が沈没艦艇の引揚作業を、また尼崎製鉄株式会社がスクラップ鋳鋼作業を開始したものの、依然として自由に使えるような港湾は、空間的にも機能的にも、きわめて限定的であった（呉市史編纂委員会編一九九五）。

　このように、復興の歩みは断絶を前提としたものとして始まったのであり、将来の構想はともかく、旧軍用地を除外した旧市街地部分（戦災区域）のみを対象とした都市計画から出発せざるを得ない状況にあったのである。

図40　昭和21年（1946）5月のイギリス王立グルカ連隊による呉市内の行進
© IWM IND 5209

新たな南北軸

　そのようななかで検討された都

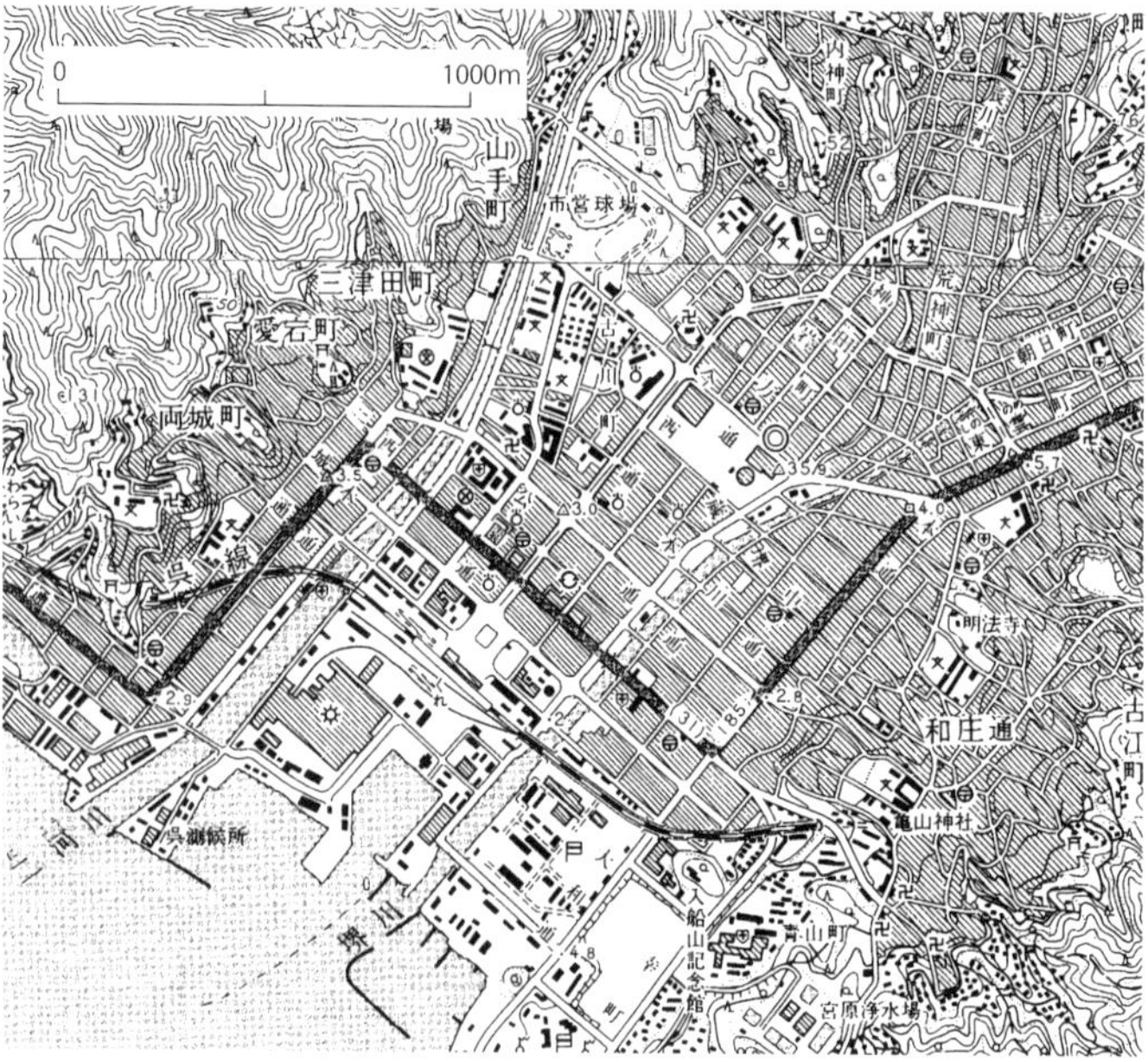

図41　戦後の呉市街地

利用地図：25,000分１地形図「吉浦」(昭和43年改測)，「呉」(昭和45年改測)
やや後年の地形図だが，呉駅の北側に広がる今西通，堺川右岸の蔵本通が都市の軸線として機能していることがわかる．

市計画で、本通は戦前に引き続き重要な南北路として位置づけられた。中通は街路計画上での主要道には認定されなかったものの、拡張される計画が立てられた。

こうした戦前の主要路が維持される一方、新たな南北軸も二本構想された（図41）。一つは呉駅前から北に延びる今西通であり、呉駅と本町一二丁目をむすぶ三六～四〇《メートル》幅の道路として計画された。この計画幅は本通と同じであった。

さらに、今西通と本通の間、堺川右岸に位置した蔵本通が幅四〇《メートル》の幹線道路として計画された。蔵本通周辺は戦時中に建物疎開をしており、都市計画工事のしやすさが考慮された側面もあるが、新たな官庁街と新呉港となる旧軍需部とを結ぶ道路として計画されたことが、蔵本通を本通よりも幅員をもつ道路とする根拠を支えていた。また、北側で本通一〇丁目に接続させることで、市街地内部のみならず呉と広とを結ぶ幹線路としても位置づけられた。

街路計画が正式決定され、戦災復興院から告示されたのは昭和二一年（一九四六）一〇月である。その後、昭和二二年度より順次、整備がなされていった。『呉市史　第八巻』に記載された昭和二七年の進捗率によると、今西通は七五《パーセント》が、蔵本通にいたっては九〇《パーセント》が整備完了している。本通の整備がこの時点で三〇《パーセント》だったことをみれば、新たな南北路が重点的に整備されていったことがうかがえる。

ただし、蔵本通の場合、南端に位置した海岸部の整備は、大きく遅れていた。旧呉海軍第一上陸場の接収が解除され、呉中央第一桟橋となるのは、昭和三三年を待たねばならない。それ以前、呉の海の玄関となったのは市街地西側の川原石港だったが、川原石港の整備も昭和三〇年頃である。さらにそれ以前になると、市街地から離れた仁方《にかた》港や阿賀《あが》港といった港を使用せねばならない状況であった。

このように、海岸部（旧海軍用地）の遅れは否めなかったものの、都市計画による市街地復興のビジョンは着実に進められていった。

戦後の中心地

そのようななか、民間の活動でも闇市《やみいち》の開催を契機としつつ、活動の中心地区が形成されていく。闇市は次第に組合化していき、昭和二二年（一九四七）段階で呉市街に二〇の組合がつくられていた（呉市史編纂委員会編一九九三）。その立地をみると、二河川右岸から海岸にかけての市街地西部に九か所、中通・本通に六か所となっており、大きく二つの中心が生まれていた。ただし、後者については中通を北上した地区（松本町・東雲町・栄町）にも四つの組合が確認されることもあり、全体としては、戦前の中心市街地であった東部に重心がある。また、西部には中央市場の開設など、日常生活用品に密着する地区になっていく一方で、東部は生活用品の中心であると同時に、趣味や娯楽、嗜好品を求める人びとが集まる場所として歩んでいく。

なかでも、中通では娯楽施設の開設が早くから進んだ。昭和二〇年の暮には第一劇場（七丁目）が、翌昭和二一年には第二劇場（七丁目）、第三劇場（八丁目）が次々と建設され、進駐軍専用のダンスホール「パレス」（七丁目）も現れる。闇市マーケットともあわせ、戦前特に賑わいをみせていた地区は、空襲から一年後には早くもその活気を取り戻すのである。その後も演芸館（六丁目）、大呉デパート（六丁目）などの開業のほか、アーケード（五丁目―九丁目間）も敷設される。

また、進駐軍の膝元の眼鏡橋・四つ道路（本通三丁目）には進駐軍相手のギフトショップやキャバレーがたちならび、本通にも昭和二六年頃にはビヤホール、キャバレー、レストランが次々に開店するなど、中通に匹敵する歓楽街となっていった。『中国日報』の昭和二六年一二月二一日二面では、「矢継早のキャバレー　現れたハリウッド」というタイトルのもと、進駐軍を主たる客として賑わいをみせる中通・本通が紹介され、「国際都市クレ」の様相を呈するようになったと表現されている。

このように、市民の活動の展開もさることながら、進駐軍を相手にした活動が呉市街の復興の一部を支えていたのであり、その中心は戦前と同じく中通・本通であった。日本海軍から進駐軍へと変化したものの、呉市街と軍人との共生は戦後になっても連続していたのである。

その一方、呉市街を支えたもう一つの核であった工廠の職工たちの多くは、工廠などの施設の破壊や接収によって従前の職に復帰することが叶わず、戦前からの断絶を経験し続けていた。彼らに再び職を提供するには、港湾の復興が不可欠であり、市街地だけの整備ではいかんともしがたい状況だったのである。そうした中、「国際都市クレ」と称された昭和二六年には、その方向にようやく道筋がつけられようとしていた。その核となるのが、平和産業港湾都市を目指す特別法として前年六月二八日に施行された旧軍港市転換法である。軍転法については説明を要するので、節を改めることにしよう。

平和産業港湾都市をめざして

平和産業港湾都市

平和産業港湾都市というフレーズを知っているだろうか。れっきとした法律用語なのだが、規定されている旧軍港市転換法（以下、軍転法）は軍港都市の四市（横須賀《よこすか》・呉・佐世保《させぼ》・舞鶴《まいづる》）にのみ適用される特別法のため、軍港都市以外に居住する人には、おそらく馴染みのない言葉だろう。

軍転法は、戦後復興のために旧海軍用地（国有財産）の処理に特別措置を与えることを定めたものである。先にみたように、戦後、海軍は解体され、軍港都市は軍港都市たる根拠を失うことになった。また、空襲などの被害によって鎮守府や軍港のみならず市街地にも大きな被害を負っていた。そうした中で各軍港都市は戦後復興を進めようとしていくわけだが、そこで目をつけられたのが市内の要地に残された大小の旧海軍用地であった。ただし、当然ながら、国有財産となっていた旧海軍用地について市が自由に使うことはできなかったため、都市復興の大きな障害になっていたのである。こうした軍港都市ならではの問題を解決するために作られたのが軍転法であった。

そして、こうした特例的な措置を講じる根拠として掲げられた大きな目的が、海軍に依拠した都市を平和産業港湾都市へ転換させるということであった。平和産業港湾都市への転換という方向に則した利用に限って、旧海軍用地の処理（売却など）に対する特別措置を認める、というわけである。

その意味で、軍港都市にとって平和産業港湾都市というフレーズは、戦後復興のシンボルであり、戦後の都市像の根幹をなしたものだった。いや、現在もなおこの法律が効力を維持している点からすると、過去形ではなく現在進行形の重要な枠組みとなっている。

特別法のなかの軍転法

特別法とは、ある特定の地域のみに適用される法律であり、国会での議決に加えて地域の住民投票での賛成を必要とする。特別法の端緒は、昭和二〇年（一九四五）に原子爆弾を投下された広島と長崎の復興（都市建設）を支援するために作られた広島平和記念都市建設法と長崎国際文化都市建設法で、ともに昭和二四年五月一一日に議決された。

広島平和記念都市建設法の第一条では恒久平和を、長崎国際文化都市建設の第一条では国際文化を目指す都市建設をおこなうことがうたわれている。両法は関連しつつ整備が進められており、対比的にとらえることが必ずしも両方の性格をとらえることにはならないが、最終的に提示された都市像だけに限ってみれば、目指す都市像が「広島—平和型」と「長崎—国際文化型」という、比較的明瞭な差異化が図られていることになる。

この後に作られた特別法は二つのタイプのいずれか、もしくは平和も国際文化も織り込んだ折衷型となっているが、多くは「長崎—国際文化型」もしくは折衷型である。その後に制定された特別法のなかで国際文化という文言を条文第一条に含まないのは、軍転法のほかには首都建設法のみであり、軍転法は「広島—平和型」に範をとった珍しいタイプだといえる。

軍港都市は港湾都市であることを思えば、長崎国際文化都市建設法が念頭に置かれてもよかったはずである。実際、横浜と神戸を対象に制定された横浜国際港都建設法と神戸国際港都建設法という特別法では、国際港を目指すことが謳われ、条文内の目的に「国際文化」の向上が掲げられている一方、「平和」は特に語られていない。

平和型の背景

「平和」というキーワードは、軍転法制定以前から軍港都市内で使われていた。前述のように、呉では戦後初の市長鈴木《すずき》登《みのる》が、平和産業都市を目指す計画を進めていたが、他にもたとえば横須賀市では、昭和二〇年（一九四五）一二月に作成された「横須賀市更生対策要項」のなかで「専ら平和工業の限度に於てのみ認めらるゝもの、如し」という認識が示され、「新生日本の平和的工業振興は必須のこと」であり、軍需施設の「平和産業への転換」が横須賀市の更生の道であることが述べられている（横須賀市二〇一一、一一四二―一一四五頁）。

こうした平和産業が叫ばれる背景には、日本が連合国に降伏するにあたって昭和二〇年八月一四日に受諾したポツダム宣言がある。具体的には軍需産業以外の産業維持が記された第十一項であり、また平和的傾向を有した政府樹立の要求が記された第十二項、軍隊の解体と旧軍人への平和的・生産的生活への機会提供が求められた第九項なども関わるだろう。占領後、このような項目に基づいた政策も実際になされており、たとえば昭和二〇年九月二二日ならびに一一月二九日には、軍需産業から平和産業への転換を進め、産業を促進するよう連合国軍司令部から命令が出されている（『朝日新聞』一九四五年一二月一日一面「平和産業の再開」）。

このような状況下、海軍とその関連工業施設の進出とともに都市へと変貌した軍港都市の場合、軍隊そして基幹産業たる軍需産業の完全否定は致命的であり、生き残る方策として「平和」ないし平和産業を強く訴えていくことは不可避であった。

軍転法が作られるにあたって念頭におかれていたのは、国有財産の処理であった。旧海軍施設は国有財産化されており、進駐軍の利用に供されるほか、一部は戦後賠償に充てられていた。これらの施設を自由に使うことができれば復興に大きな途が開ける、いや、それしか活路はない、というのが軍港都市四市の共通の思いだった。

軍転法の狙い

こうした思いが四市で共有されたのは、昭和二二年（一九四七）にまで遡る。この年の四月、最初の公選市長選挙があり、呉では鈴木術《てだて》が当選を果たす。その選挙が終わった直後から四市が横須賀に会し、各市の再建について共同協力することが確認され、旧軍港都市更生協議会が作られた。

同年六月には第一回協議会が横須賀で開催され、そこで早くも四市長名による「国有財産の特別処理に関する陳情書」が作成されている（横須賀市二〇一二）。その要旨は、産業貿易都市を目指すため、旧国有財産の処分に特別措置を講じてほしいというものであった。

呉で軍転法の制定に尽力した鈴木術の弁として、法案に向けた要綱が提示された段階の地方紙面に、法整備によって求める点が端的に語られているので引用しておこう（『中国新聞』昭和二四年一〇月二九日二面「〝狙いは再軍備の一掃〟四旧軍港都市転換の方針」）。

ねらいは軍港都市の平和転換により再軍備の恐れを除くとともに、今後国家の力によって平和港ないし平和都市として発展することに援助してほしいというものだが、その重点は国有財産の処理ということになる。

軍転法成立後、平和産業港湾都市は、四都市の市政に大きな影響を与えるスローガンとなっていく。その意味で、戦後の軍港都市を考える上できわめて重要なキーワードなのだが、漢字だけで八文字が連なり、一見すると意味がつかみにくい言葉という印象を受ける。

平和産業港湾都市というスローガン

実は、要綱段階で鈴木が語った引用のなかには「平和港」や「平和都市」という言葉しかなく、平和産業港湾都市という言葉は使われていない。法案に向けた要綱は呉市が提案したものだったことをふまえれば、鈴木の頭のなかに漢字八文字のキーワードはなかったとみていいだろう。実際、要綱の中でも「旧軍港市を平和産業並びに港湾都市に転換」や「旧軍需工業を平和産業に転換利用し、平和産業都市にふさわしい都市とする」といった表現になっており（細川一九四九）、まだ平和産業港湾都市という単語は登場していない。

この要綱を作る直前の段階で、呉は（軍港都市全体ではなく）呉のみに関わる特別法の制定を模索しており、呉平和市建設法案や呉平和産業都市建設法案といった案を検討していた（呉市史編纂委員会編一九九五）。平和産業港湾都市に直接響いていく都市像としては、このあたりに求められるかもしれない（表24）。ただし、軍港都市が戦後直後から平和産

表24　昭和22年（1947）以降の軍転法・平和産業港湾都市をめぐる動向

年	月日	呉市の動き	軍港四市の動き	キーワード
昭和22（1947）	2	市議会，旧海軍施設跡産業利用計画総合調査委員会を設置		
	4	鈴木術が市長に	四市が会合	
	6.25-30		旧軍港都更生協議会発足，第一回協議会の開催（横須賀），四市長名で「国有財産の特別処理に関する陳情書」を提出（6.27付）	産業貿易都市
	7	英連邦占領軍ロバートソン総指令官より呉港を貿易港として開放することへの協力が通告		
	8.13	「呉市産業振興基本策要綱」を立案，両工廠跡の総合的な利用計画をすすめはじめる		
	11.17-19		旧軍港都更生協議会，第二回協議会の開催（舞鶴）	
	12		旧軍港都更生協議会，臨時会の開催（横須賀）	
昭和23（1948）	1	呉港の開港指定		
	1	開港に歩調を合わせて市の調査委員会が「旧海軍用地（元呉工廠跡及元港務部軍需部跡）利用計画案」をまとめる		
	4		旧軍港都更生協議会，第三回協議会の開催（呉）	
	4頃	造船・製鉄などの永続的操業の許可を求めて連合軍に陳情		
	秋	呉市独自の転換計画の作成．軍政部は強く非難		
	11.30	呉市長名で大蔵・商工両大臣に旧海軍施設払い下げについての陳情書提出		貿易港
昭和24（1949）	2	旧呉海軍工廠跡産業利用計画案		平和な産業

昭和24(1949)	4.18	呉市長名で広島軍政部長トルーデン中佐あての払下げの誓願		平和産業
	4		四市長が国会に提出した「旧軍港地国有財産払下に関する誓願」が採択	
	10.1以前	特別法案建議趣旨書の作成		平和産業都市
	10.1以前	呉平和港市建設法案		平和港市
	10.1以前	呉平和産業都市建設法案		平和産業都市
	10.11	旧軍用財産処理促進法案大綱		平和産業
	10.25		軍転法律案打ち合わせ（参議院法制局）	平和産業都市
	10.28		旧軍港市長会．呉市案の旧軍港転換法案を採用することに決定	平和産業並びに港湾都市，平和産業都市
	12		旧軍港市転換促進委員会の結成(市長,関係市衆参両院議員，市議会正副議長ら)	
昭和25(1950)	2.27		GHQより法案提出の正式承認をえる	
	3.5	呉市民大会で宣言・決議を採択		平和産業都市
	3.11-17		参議院の各種委員会への軍転法の法案説明会	
	3.18		法案を参議院事務局に提出	
	3.20-24		衆議院各種委員会への軍転法の法案説明会	平和産業港湾都市
	3.28		法案を衆議院大蔵委員会に上程	
	4.7		旧軍港市転換法案，参議院議決	
	4.11		旧軍港市転換法案，衆議院議決	
	6.4	呉市投票	住民投票	
	6.28		旧軍港市転換法案，公布施行	

横須賀市・呉市・佐世保市・舞鶴市の各市史の記述をもとに作成.

業を復興の中心に据えていたことは先にみたとおりであり、必ずしも呉のみの思惑ではないことは確認しておく必要がある。

とどのつまり、平和産業港湾都市とは、軍転法の条文を整備していくなかで平和産業都市と港湾都市とを連結させていった結果、生まれてきた言葉なのである。そして、それは戦後の軍港都市それぞれに流れていた復興像を凝縮させた文言であり、だからこそ、戦後のキーワードとして利用され続ける位置に据えられたわけである。

もう一つのキーワード

平和産業港湾都市という言葉は、軍転法の第一条から登場する。

> この法律は、旧軍港市（横須賀市、呉市、佐世保市及び舞鶴市をいう。以下同じ。）を平和産業港湾都市に転換することにより、平和日本実現の理想達成に寄与することを目的とする。

軍港市を平和産業港湾都市に「転換」することが平和日本実現につながるのであり、そこに寄与することを目的とするのが軍転法だ、とある。そしてここにみえる「転換」こそ、戦後の軍港都市を理解するためのもう一つのキーワードとなる。

先述のように、特別法の範としては、原爆による壊滅的な被害を受けた広島・長崎両市を対象としたものがあったが、これらはいずれも「○○都市建設法」という名称であり、都市を「建設」することが目的とされていた。そこには戦前の都市とは異なる、新たに都市を作るという意識が強く表れている。とくに広島の場合、陸軍師団の置かれた軍都という性格・特徴を捨て去り、言わば正反対の平和記念都市を目指すという、戦前・戦後の都市像の断絶が意図されていた。

一方、工廠を中心とした旧海軍施設、そしてそこで蓄積された技術を利用することが戦後復興の活路ととらえていた軍港都市の場合、戦前とは断絶した新たな都市を「建設」するという道は選択できるものではなかった。そうではなく、従来のものを連続的に継承しつつ、その利用方法を「転換」することで、平和に彩られた新たな都市像の獲得を目指そうとしたのである。すなわち、新たに「建設」せずとも「転換」すれば、平和都市になるという論理である。その具体相は旧軍用財産の利用であり、軍需産業としてみなされてきた造船や鉄鋼といった産業を平和産業と読み替え、自由に活用することのできる環境を整備することにあった。

この広島とは違う復興方針を採ることについては、やはり近隣の呉が一番意識していたのではないだろうか。市長の鈴木術自身が、やはり要綱ができる段階で軍転法の主旨が「新しく記念都市を建設するのではなく旧軍港都市を平和都市に転換するという点に」あると明言している（『中国新聞』昭和二四年〔一九四九〕一〇月一六日三面「舊軍港都の特別立法案　利害は呉市が一番多い」）。

戦後に新しい都市を「建設」しようとした広島と、戦前の要素を「転換」しつつ都市作りをおこなおうとした呉。等しく「平和」な都市を目指すスローガンを掲げながらも、一方は戦前との断絶性を強調し、他方は戦前との連続性も保ちつつ、それぞれの歩みを進め始めるのである。ここには、軍転法があくまでも旧軍用財産の払下げが目的であったことが関わるだろう。旧軍用財産を決して軍事目的で利用しないことを印象づけるためにも、「平和」な都市像を掲げることは不可欠であったのである。

このように、「広島―平和型」に依拠した内容を備えた軍転法ではあったが、そこに語られる「平和」の意味は、旧軍港都市に特有の論理が備わったものであり、「広島―平和型」の単純な踏襲というわけでは決してなかった。広島における平和記念都市と、軍港都市における平和産業港湾都市は、同じ「平和」を掲げる都市像を目指しつつも、戦前と戦後のとらえ方には、断絶と連続というまったく異なるベクトルが働いていたことになる。

軍転法の成立と浸透策

特別法は国会での議決の後、地元での住民投票での賛成支持を受けて公布となる。そのため、軍転法も国会通過と住民への浸透という二つの関門を通過する必要があった。

国会については、昭和二五年（一九五〇）四月七日に参議院、同一一日に衆議院で議決された。ただ、国会での審議が順風満帆であったわけではなかった。法案推進の中心の一人であった呉出身の衆議院議員宮原幸三郎は、通過後に『中国新聞』に寄稿した文章のなかで、そもそも軍転法は「廣島の場合のように原爆という強力な特殊性がなくそのため各方面の有力者間にも反対や異論が続出する」なか、「呉を知らぬ人に特別立法の必要性を証明するだけの名分を発見し、これを客観的に明確にすること」から始めるという苦しさがあったと振り返っている（『中国新聞』昭和二五年四月一八日二面「転換法成立に寄す」）。

同じく、呉出身の参議院議員佐々木鹿蔵は同紙面にて、「廣島、長崎の記念都市は原爆を身をもって体験した市民が心から平和を念願して世界に平和宣言をしたものだが、本法案は旧四軍港を平和産業港湾として更生されるという主旨であり、二代三代と鍛えた優秀な技術者を生かし、また旧軍用財産を有効に処理して新日本の再建をしようという重要な役割をもっている」（同上）点が各委員に賛同されたとしている。

この佐々木の文章では、転換ではなく更生という言葉が使われているものの、以前を引き継いだ形での都市像がとらえられている点は同じである。そして佐々木の語る内容は、宮原がみつけるのが苦しかったという「名分」そのものとなるだろう。言い換えるならば、「平和産業港湾都市への転換」というストーリーこそが、軍転法の意義を訴え、賛同してもらう突破口であったことになる。

こうしたストーリーの獲得によって、無事に国会を通過したわけだが、それにあわせて、呉市では二つの動きが起きる。一つが「軍転法」を祝した祭典の開催であり、一つが住民投票への投票を呼びかける運動の展開である。

祭典は、まず国会通過直後の四月一六・一七日に「転換法通過感謝市民大会」が、その後、五月三日には「軍転法」を祝う「春祭り」が開催された。春祭りの目玉であった大名行列は、少雨のため五日に延期されたものの、その五日は黒山の人だかりのなか、長さが数町にもわたる行列が市内を練り歩いた。その他の行事も含めて、市内は慶祝の一色に染まったのである。

このような祝賀ムードのなか、五月四日には旧軍港市転換法の住民投票に向けた徹底対策本部が設置されている。そして、各地区での説明会の開催や解説文の配布、街宣車の出動といったさまざまな手を使って、「軍転法」の内容の周知徹底と住民投票への参加、そして賛成票の呼びかけがおこなわれていった。

もちろん、祝賀行事そのものもまた、「軍転法」の浸透に大きな役割を果たしていた。裏返してみると、住民はこの法律の内容をまだ十分に理解しないまま、祝祭気分に浸っていたことになる。とはいえ、これらの運動が功を奏し、六月四日の住民投票では、投票率八二・一パーセント、投票総数に占める賛成票九二パーセントという高い支持率を獲得した。その結果、六月二八日に晴れて旧軍港市転換法の公布を迎えることになる。

時代のなかの軍転法

ところで、軍転法の成立にはGHQの許可も不可欠であった。旧軍施設の継続を目指す同法の趣旨は、転換するとはいえ依然として軍事利用は可能であることを意味するため、当初はGHQから理解が得られなかった。ただ、昭和二四年（一九四九）七月のマッカーサー連合国最高司令官による非武装・民主化から復興援助へという占領政策の変化の表明を背景に、最終的には旧軍施設の平和産業利用に対して賛意が示されることになった。

さらに呉の場合、中国・四国地方の占領任務を担当していたオーストラリア、イギリス、インド、ニュージーランド各国の軍隊からなる英連邦軍（BCOF）のうち、オーストラリア以外の国は自国の状況などで早い段階で日本から兵を撤退もしくは縮小させており、主力を担っていたオーストラリア軍も昭和二五年三月に全面撤退を表明するような状況になっていた。この撤退についてはアメリカも五月一日に承認している。国有財産の転換をはかる「軍転法」の実質的な効力を発揮するうえで、駐留軍による接収地の返還を受けることが不可欠であったが、こうした撤退の動きの加速は、軍転法の議論や住民への周知運動を押し上げるものとなった。

ただし、こうした状況を一変させる出来事が、軍転法が公布されるわずか三日前に起きた。朝鮮戦争である。明治四三年（一九一〇）に韓国併合をおこない、朝鮮半島を統治下に置いていた日本が敗戦により撤退したあと、北緯三八度線を境に北側をソ連、南側をアメリカが占領した。分断された朝鮮半島に一九四八年（昭和二三）に朝鮮民主主義人民共和国（北朝鮮）と大韓民国が成立したが、一九五〇年六月二五日に北朝鮮が北緯三八度線を越えて南に侵攻し、南北間の武力衝突が始まった。こうした朝鮮半島での戦争勃発を理由に、英連邦軍は日本からの撤退を延期することになったのである。

確かに、朝鮮戦争によって産業界は特需となり、貿易拡大をはじめとする活性化が起こり、そのことが軍転法を用いた旧軍用地への工場誘致を促したことは事実である。しかしその一方で、朝鮮戦争の勃発は、軍隊（海軍）の町から平和産業港湾都市への転換というストーリーを進めることを困難にもさせ、「軍港」都市という性格を放棄する機会を失うことにもつながった。

その後、昭和二七年にはサンフランシスコ平和条約が結ばれ、日本の主権が回復されるが、国連軍の撤退は容易には進まなかった。実際に国連軍の全面撤退が表明されたのは昭和三一年、呉地域からの引き上げはその翌年となった。

軍隊の町

この時点で、軍隊の町という性格の断絶をみたかと言えばそうではない。朝鮮戦争とそれに続く国際情勢の変化にともない、日本では昭和二九年（一九五四）に自衛隊が創設される。それ以前、昭和二七年には海上保安庁のなかに海上警備隊が設置され、その後、保安庁および警備隊とそれぞれ名称が変更されていたが、自衛隊の創設によって警備隊が海上自衛隊へと改組される形となった。海上自衛隊は横須賀に自衛艦隊と地方隊が、呉、佐世保、舞鶴、そして大湊には地方隊が置かれた。旧要港部であった大湊を含め、いずれも戦前の旧海軍施設を利用しての設置であった。呉の場合、海上自衛隊呉地方総監部が昭和二九年一〇月一日に旧海軍用地に開庁することになる。

海上自衛隊の創出は、呉市の港湾転用の構想に大きく影響するものであり、呉市のなかで反発や抵抗も起きた。しかしながら、結局は旧呉鎮守府をはじめとする旧海軍施設の主要部分については、海上自衛隊が利用することになっていく。総監部開庁の日、地元紙である『中国新聞』は記事の末尾を「呉市は〝軍港〟への道をつき進んでいる」という評で締めくくった（昭和二九年一〇月一日六面「海上自衛隊呉地方総監部　きょう開庁披露式」）。それは、確かに、呉の戦前・戦後における連続性を鋭く指摘したものであった。

海上自衛隊呉総監部の開庁式の日、呉市街では本通、中通などに「祝海上自衛隊」の歓迎幕や立て看板が掲げられ、町全体が祝賀気分に沸きかえっていた（『中国新聞』昭和二九年一〇月二日八面「呉市民の感慨新たに」）。そして、少雨で一日延期となったものの、一〇月三日には開庁を祝った大名行列が五時間にわたって市内を練り歩いた。

平和産業港湾都市をめざす旧軍港市転換法の法案通過に沸いた市民は、そのわずか四年後、海上自衛隊の設置を祝したことになる。

都市の「転換」

海上自衛隊進出の結果、国有財産の転換計画も大幅な修正が迫られることになった。昭和三五年（一九六〇）までの軍港都市四市の旧軍用地の転換割合をみると、呉は一七・九%《パーセント》ともっとも低い値を示す。その次に低い佐世保が三九・七%《パーセント》であるから、呉がいかに低いかがわかるだろう。

もっとも、そうしたなかでも海軍工廠用地や設備については、早くから播磨《はりま》造船所とNBC（ナショナル・バルク・キャリアーズ）が引き継いで操業を開始し、その後も造船に深く関わる鉄鋼工場が進出していった。昭和四一年（一九六六）に発行された市街図をみると、旧海軍工廠地帯は、NBC、呉造船、尼鉄製鋼、日立製作所、淀川製鋼、日新製鋼といった企業が連続して立地しており、重厚長大の工場地帯となっていることが読み取れる（図42）。このような企業進出によって、多くの労働者たちに働き口がもたらされることになる。海岸部は戦後も引き続き、呉最大の労働力吸収地となったのである。

そして、これら企業と市街地との間、以前の鎮守府地域には、先に確認したように海上自衛隊や教育隊が位置した。軍転法によって軍港市から平和産業港湾都市へという道筋を見出した呉であったが、結果としては海軍と工廠の町から海上自衛隊と造船業の町への「転換」となった。海軍と海上自衛隊、また海軍工廠と民間造船業との間に違いがあるこ

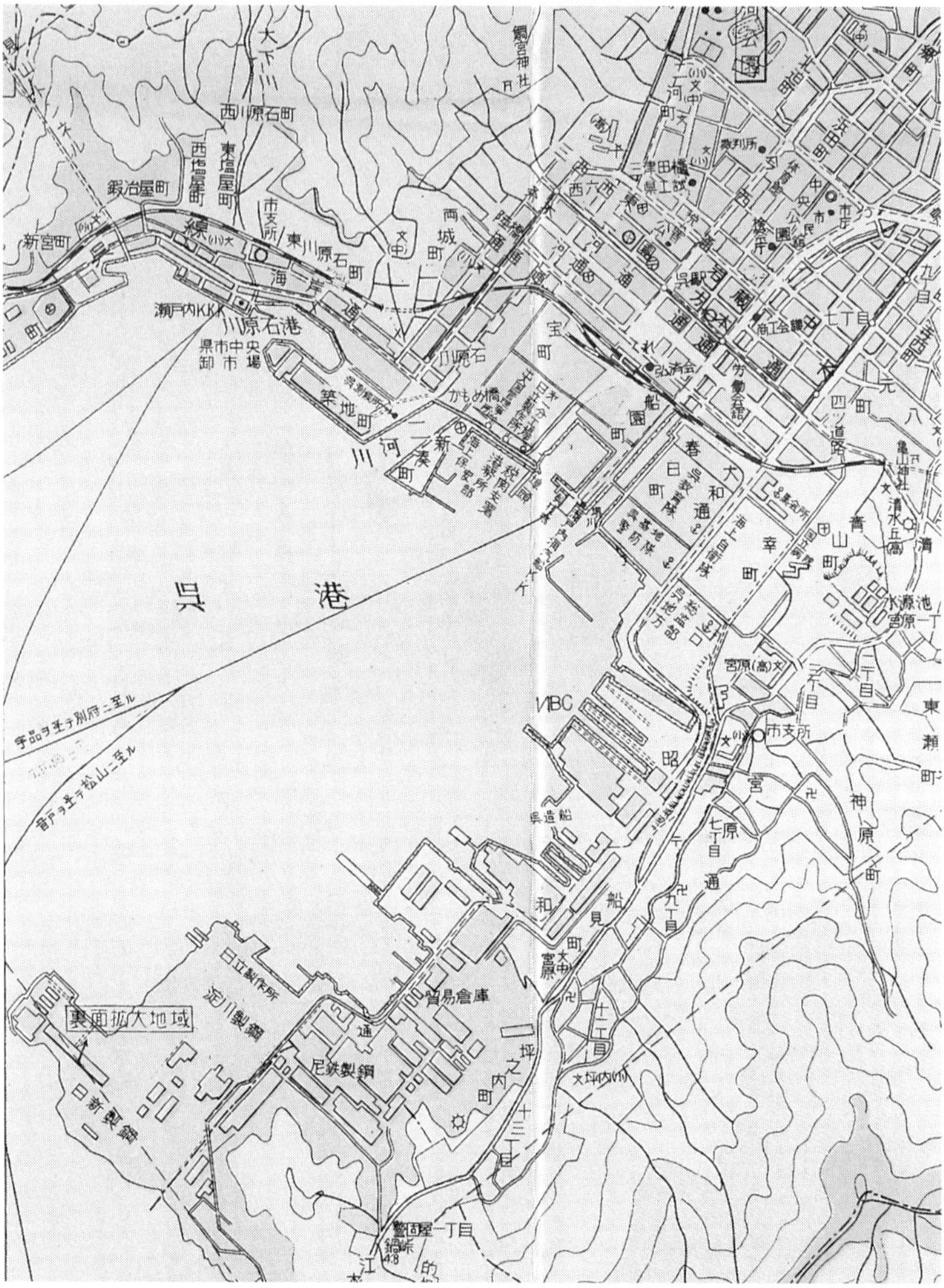

図42　『最新呉市全図』（塔文社，昭和41）にみえる港湾部
所蔵：広島県立文書館

とは間違いない。ただ、少なくとも呉の空間的配置といった点でみれば、これらが海岸部の圧倒的な部分を占めるという特徴は、戦前と戦後で明確に連続している。

市街地の商業活動の主たる顧客層も、戦前は海軍兵・職工、戦後は海上自衛隊員・工場労働者といった変化があった。それを断絶とみるか、連続とみるかで、都市像の理解に大きな差異を生む。ただ、海岸部で働く者が内陸部の商店街などに買い物に出かけるといった都市の営みの大きな構造は、断絶することなく連続することになった。それが呉の戦前戦後の実態である。

海軍と工廠の設置によって誕生した都市である呉にとって、海軍と工廠の消失は都市そのものの終焉の危機にもつながった。そうしたなかで、二つの要素がそれぞれ変わりつつも連続するという、ある意味で絶妙な「転換」が起こったからこそ、呉は都市としての命脈が保たれたとみることも、あるいは可能かもしれない。そして、それは呉に限らず、他の軍港都市にも等しくあてはまることである。

れんが色の街

呉と舞鶴の都市整備

戦後の市街地整備

港湾部と市街地

アジア太平洋戦争が終結した直後の日本各地は、戦時期の疲弊と混乱からいかに復興していくかという模索状態となっていた。ただ、一九五〇年（昭和二五）の朝鮮戦争や昭和二七年の連合国諸国とのサンフランシスコ平和条約の締結などを契機として、戦後復興の歩みは復興以上の展開となり、いわゆる高度経済成長期へと進んでいく。

こうした時期に日本の各地で実施された都市の開発や整備は、現在の都市の直接的な基盤になっているといってもよい。紋切り型で画一的な整備方針が定められたことで、個性のない景観を生み出した都市もあったが、一方で都市の履歴をふまえた独自の整備がなされることで、結果として現在、他とは異なる個性を景観上に示しえている都市もある。

軍港都市はどうだろうか。終戦とともに海軍が解体されたことで、都市の重要な基盤を失った軍港都市であったが、その後、海上自衛隊が創設されたことで、都市基盤を再び獲得した。加えて海軍工廠のＤＮＡを受け継ぐ大規模な造船所などが稼働したことで、軍港都市は断絶しているが連続しているという絶妙な都市復興がなされた。前章で確認したように、そうした意図は軍転法（旧軍港市転換法）にも見え隠れしている。

そうであれば海上自衛隊の基地（もしくは米軍基地）や造船所のある海岸部の景観には、軍港都市ならではの個性が明確に表れているといってよい。やや大げさに言えば、海岸部こそ他都市と軍港都市とを峻別する最大の特徴である。

ただ、これも前章でみたように、戦前の軍港都市では市街地と海岸部に空間的な断絶があり、そうした特徴は戦後にまで引き継がれることになった。もちろん、造船所に勤務する者や自衛隊員などはこの断絶を日々横断する生活となるが、それ以外の市民にとっては、この空間的な断絶が当たり前であった。都市に住まう市民にとって海岸部と市街地のどちらが日常かと言えば、もちろん市街地である。軍港都市の特徴が海岸部にあるとしても、都市史という枠組みにおいて市街地を重視しないという選択肢はない。

市街地への空襲

日本の都市の多くは、戦時中に空襲を受け、その復興を通じて現在の都市の基礎を築いてきた。軍港都市においてもそれは同じで、海岸部

図43　佐世保市街の空襲被害（昭和20年９月24日撮影）
転載：『占領軍が写した 終戦直後の佐世保』（芸文堂，1983）

のみならず市街地にも空襲を受けている。ただ、その被災状況は四都市によって異なっており、横須賀《よこすか》や舞鶴《まいづる》に比べて、呉《くれ》や佐世保《させぼ》ではより広い範囲で市街地の被災がみられた。

各都市ともに数度の空襲を受けているが、たとえば佐世保市の場合、もっとも被害の大きかった空襲は昭和二〇年（一九四五）六月二八日から翌二九日にかけてのもので、この空襲によって市街地面積のおよそ三分の一にあたる一七八万平方メートルが消失した（図43）。そしてその直後の七月一日から翌二日にかけては、前述のように、呉市街地への空襲があり、市街地の大部分となる三三六万平方メートル余りが消失した。佐世保や呉は、こうした状況から戦後の復興を始めることになる。図43にもみえるように、空襲後も利用できる道路についても、引き続き使われため、道路網については戦前から戦後への連続性を認めることができる部分が多い。一方で、建物や施設はその多くが灰燼に帰したため、戦後に新たに建造する必要が生じた。そのため、戦前と戦後の市街地景観には大きな断絶がみられる、ということになる。

選択されたモチーフ

こうした戦後の状況をひとまず確認したうえで、現在の呉や佐世保の市街地景観に目を転じてみよう。すると、市街地のなかに「軍港都市」らしさを表現する景観要素がみられることに気がつく。そのほぼすべては戦後に改めて、もしくは新たに作られていったもので、戦前への憧憬やつながりが意識されて選択されたデザインであったり、かたちや色調などであったりする。そうした景観要素は、個人やグループが形成することもあれば、公的な計画や整備のなかで現れることもある。

たとえば「佐世保バーガー」など、いわゆる「海軍グルメ」と呼ばれる料理を提供する店舗は、そうした要素となるだろう。「海軍グルメ」というカテゴリー化がなされ、広く知られるようになっていったのは、後述するように一九九〇年代後半以降だが、佐世保の場合は米軍基地の入り口付近に早くからハンバーガーを提供する店が誕生し、定着していた。こうした早くからある店舗にしてみれば、まさか「海軍グルメ」などと呼ばれるとは思ってもいなかっただろうが、結果として私的な経営活動が、市街地に「らしさ」を加えるファクターとなったことは間違いない。

図44　佐世保市街地のサイン整備例
（令和２年３月８日撮影）

　こうした個々の動きに加えて、市街地全体にかかる活動や整備のなかで軍港都市らしさが利用されることもある。佐世保では市民団体による旧海軍施設の保存実践活動の一環として、廃材となった建築材の利用が検討されていった（山本二〇一二・二〇一三）。それが平成九年（一九九七）の佐世保市のサイン整備につながり、現在は図44のような案内板が市街地のなかに設置されている。ここで旧海軍施設として意識されているのは赤煉瓦建造物である。

　このような赤煉瓦建造物への着目、もしくはその部材としての赤煉瓦の再利用といった動きが軍港都市のなかでみられるのは、一九八〇年代末頃からで、旧海軍施設を近代化遺産ととらえ、その保存と活用を図る動きは舞鶴がその先陣を切っていく。この点は次節以下で取り上げていきたい。

　ただし、建物や部材を直接（再）利用していく動きとは別に、「れんが」というモチーフを都市整備に利用する動き自体はそれ以前からみられた。そして、軍港都市のなかでそうした動きがもっとも顕著なのは呉であった。

呉が昭和二〇年に大規模な空襲を受け、中心市街地が壊滅的な打撃を受けたことはすでにみたとおりである。こうした歴史的条件のため、中心市街地には近代建築としての赤煉瓦建造物は皆無といってよい。

図45　呉駅前の「れんが」調整備
（平成23年4月18日撮影）

しかし現在、呉の中心市街地ではレンガタイルの外観の建築物や煉瓦色のインターロッキングによる道路舗装など、「れんが」調の整備をあちこちで確認することができる。主要な「れんが」調整備を挙げておけば、中通商店街（赤煉瓦―一九七八年）、呉駅前の広場（レンガタイル―一九八一年）（図45）、呉市立美術館（レンガタイル―一九八二年）とその周辺の歩道（レンガタイル・赤煉瓦色のインターロッキング―一九八二～一九八六年）、蔵本通（赤煉瓦・レンガタイル―一九八七年）と通り沿いの呉市立図書館

（レンガタイル―一九八六年）・呉市文化ホール（レンガタイル―一九八九年）などである。

そこで次節では、こうした呉の「れんが」をモチーフとして利用したまちづくりをたどり、戦後の軍港都市がどのような「らしさ」を景観のなかに取り込んでいこうとした（している）のか、といった点を確認していきたい。主に取り上げるのは、通り整備としての中通商店街および蔵元通の整備である。そして、こうした動きをふまえた上で、先にも触れた近代化遺産として煉瓦が強く意識されるようになった一九九〇年代以降の呉の動きの一つとして、呉市海事歴史科学館（大和ミュージアム）の建設と「れんが」の関係をとらえてみたい。そうしたなかで、軍港都市の記憶として「れんが」がいかに利用されていくのかを確認していく。

「れんが」調のまちづくり——呉

呉市景観計画

現在、呉市では平成二二年（二〇一〇）に策定（平成二七年改訂）した「呉市景観計画」・「呉市景観条例」に基づいて景観まちづくりを実施している。景観計画のなかでは重点的な地区として七つの呉市景観づくり区域が設定されているが、その一つに「呉中央景観づくり区域」と呼ばれる中心市街地がある（図46）。

景観計画のなかで、この区域の景観形成の目標は「歴史の継承と美しいまちなみの形成」とされている。ここでいう「歴史の継承」とは具体的に何を指すのだろうか。この点を考える際に重要となるのが、同じく景観計画に記される区域の景観特性である。この区域の景観特性は「商業、工業などの都市活動が集中する中心市街地」、「れんが調を基調として整備されたまちなみ」、「旧海軍に関連する歴史と建造物」、「市街地の背景である灰ヶ峰」であるという。つまり、歴史の継承というのは、軍港都市としてのそれであることになる。また、目標にある「美しいまちなみ」というところには「れんが」を基調としたまちなみが基軸に置かれている、ということも読み取れるだろう。

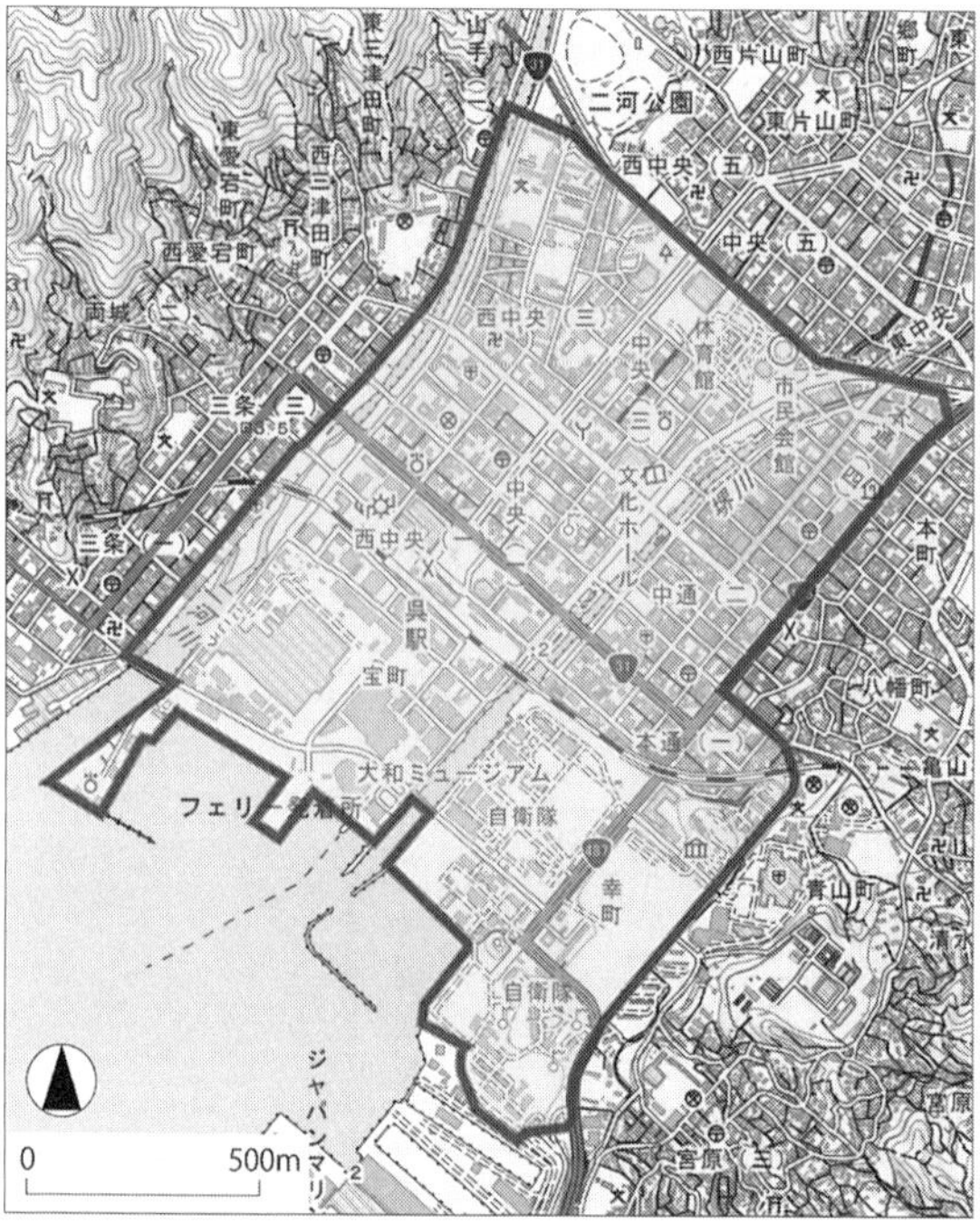

図46　呉中央景観づくり区域の範囲
「呉市景観計画」（平成27年改訂）をもとに作成.
使用地図：25,000分1地形図「呉」（平成28年調製）

前章でみたように、戦後の呉市は戦前とは変化しつつも連続する都市を意識した整備をおこなってきた。軍転法にあった「転換」は、そうした絶妙な立ち位置を表現するものでもあった。このことをふまえれば、呉中央景観づくり区域が軍港都市の歴史を意識したまちづくりを目標に掲げているのも、施策の方向性として一貫したものとなっている。

れんがどおり　こうした呉市の中心市街地における「れんが」調の整備は、昭和五三年（一九七八）の中通商店街の整備に端を発する。この時、中通商店街は路面を赤煉瓦舗装とする整備を実施した（図47）。商店街の愛称も公募されたが、この舗装にちなんだ「れんがどおり」という愛称が採用され、現在に至っている。

商店街の設計は筑波大学教授（当時）の池原謙一郎が担当したが、池原の設計に関するコメントのなかに呉の歴史に関する指摘はみられない。しかし、中通商店街の愛称が一般公募によって「れんがどおり」となったことに関連して、地元の呉中通商店街振興組合は次のように述べている。

ちなみに、「れんが」といえば呉市にとって、明治時代海軍呉鎮守府や海軍工廠、水道浄水場などの建設に、はるばる英国から赤煉瓦を運んで来たという歴史もあります。それらの建物は、現在も海上自衛隊呉地方総監部や呉市水道局宮原浄水場などに健在です。

（呉中通商店街振興組合一九七八、一二頁）

図47　れんがどおり（中通商店街）
（平成23年4月18日撮影）

「はるばる英国から」というのは事実誤認で、昭和五六年の旧呉鎮守府庁舎の解体の際、利用されていた赤煉瓦の刻印から現在の東広島市安《あ》芸《き》津《つ》町三《み》津《つ》で生産されたものであることが判明した。三津は呉の東側の瀬戸内海岸に位置する地域である。三津から竹原《たけはら》市吉名《よしな》にかけては煉瓦生産に適した粘土が産出し、戦前から煉瓦工場が多く立地していた。

ただ、いずれにしても海軍関連施設といえば赤煉瓦であり、それが海上自衛隊などに引き継がれて呉のなかに「健在」するという、赤煉瓦を介した都市の連続性が表明されていることは間違いない。そして、こうした赤煉瓦イメージに重なるものとして「れんがどおり」が位置づけられたわけである。

赤煉瓦色の街

中通商店街の整備はその後の呉に大きな影響を与えることになった。呉市建設局職員であった桧和田宏・岩田良夫による論考にも「このレンガの色は、呉市の基調的な色彩として現在も受け継がれている」（桧和田・岩田一九八七、三六〇頁）とあって、市役所内においても都市整備の基調色として理解されていたことがうかがえる。実際、この前後に作られた美術館や図書館、文化ホールといった公共施設はすべてレンガタイルを利用した壁面となっており、赤煉瓦の色調が意識された整備となっている。

図48　蔵本通（平成23年4月18日撮影）

ただ、こうした公共施設は市民の目に触れる機会は多いとはいえ、市内に点在しており、基調色を連続的に表現するものではなかった。その点で商店街を赤煉瓦舗装にしたことのインパクトは大きかった。

こうした道路舗装といった整備において、中通商店街に次ぐ大きな整備となったのが、呉市街地のなかの主要路の一つ、蔵本通の赤煉瓦舗装による整備だった（図48）。これは建設省（当時）の「都市景観形成モデル事業」の指定（昭和五八年〔一九八三〕）を受けて実施された市街地中央部の整備のなかでも、最大の事業であった。計画設計者であった山本靖雄は、赤煉瓦舗装を採用した背景を、次のように述べている。

呉市はレンガの産地に近く、戦前からレンガ造りの建築物が多く、デザイン要素として溶け込んでいた　（山本一九八八、二〇頁）

ここには海軍関連施設に関する言葉はないが、明らかに戦前からの連続性が意識されている。ただ、徹底的な空襲によって戦前の建物は市街地にはほぼ残っておらず、海岸部や郊外にしか残っていなかったことをふまえれば、この山本の理解は、海岸部のイメージを市街地部にまで拡大したものだったことになる。そうした拡大イメージをもたらした背景に「れんがどおり」など先行する整備があったことは間違いない。海岸部の赤煉瓦は、近代から現代へ、そして海岸部から市街地へと歴史的にも空間的にも拡散し、浸透していったのである。

歴史の継承と「れんが」

こうしてみると、平成二二年（二〇一〇）の景観計画に掲げられていた市街地の景観形成の目標（「歴史の継承と美しいまちなみの形成」）のなかにみえる「歴史の継承」という点を代表する一つが赤煉瓦であるということがわかる。ただ、中通商店街や蔵本通は赤煉瓦による舗装であったが、呉市による公共施設はレンガタイルであり、またインターロッキングを利用した整備もあった。つまり、素材という点では必ずしも赤煉瓦だけが利用されたわけではない。レンガタイルやインターロッキングを含んだ「れんが」調というのが、戦後の呉市街地の整備方針だった。そのため、より正確に言えば、「歴史の継承」を具現化するのは、素材としての赤煉瓦ではなく、イメージとしての「れんが」だったことになる。

先に確認したように、都市計画のなかで「れんが」調の整備が「歴史の継承」と明確に結び付けられたのは近年であり、その意味において呉における「れんが」イメージの拡散は、必ずしも行政による意図的・戦略的な結果ではなかった。ただ、「れんがどおり」の整備にあたって、中通商店街の人びとは、そこに歴史の連続性をみていた。また、景観計画の整備以前の市議会においても「れんが」調のまちづくりが「海軍の町としてのモチーフ」（平成五年三月定例会、下西幸雄議員）として評価されるなど、呉市の人びとは戦前の海軍・海軍工廠との連続性を「れんが」にみていた。実際、呉市議会といった公的な場面で、市街地部への「れんが」イメージの拡散について、批判や懸念が表明されたことはなく、その一方で積極的な肯定の表明もない。呉の人びとにとって、当たり前の存在として、自然に受け入れられていたことになる。

こうした点は、次にみる呉市海事歴史科学館（愛称・大和ミュージアム）の建設過程からもよくわかるだろう。

大和ミュージアム建設と赤煉瓦

「大和」におもう

平成七年（一九九五）一〇月、赤煉瓦を活用したまちづくりをおこなう各地の団体の全国的な交流組織、赤煉瓦ネットワークの第五回総会が呉市で開催された。この総会は会員団体のある地域での持ち回り開催で、第五回赤煉瓦ネットワーク総会を主催したのは「呉レンガ建造物研究会」であった。

確認しておけば、呉レンガ建造物研究会は平成三年五月に創立された研究会で（当初は「レンガ建造物研究会」という名称）、会則によれば「レンガ建造物等に関する調査・研究・見学・講演会の開催と会誌の発行等を推進する」ことを目的とする団体である。

第五回赤煉瓦ネットワーク総会に合わせて企画されたシンポジウムは「『大和』におもう――赤レンガのある風景。呉から」というタイトルで開催された。そこでは、放送作家・小説家で当時「『戦艦大和』日記」を雑誌連載中であった早坂暁《はやさかあきら》による基調講演がなされ、その後、呉市史編さん室主幹であった千田武志をコーディネーターとした、辺見《へんみ》じゅん（『男たちの大和』著者）、田中優子（近世文化史）、西畑作太郎《にしはたさくたろう》（「大和」建造に関わった造船技術者）、そして早坂によるパネル・ディスカッションが催された。

コーディネーター役となった千田は呉レンガ建造物研究会の理事であり、赤煉瓦とのつながりを持つ人物である。またシンポジウムの開催にあたり、呉レンガ建造物研究会の会長であった平林明代が挨拶をおこなっており、呉市は「平和産業港湾都市として立派に立ち直」ったこと、そしてシンポジウム会場である呉市文化ホールをはじめとして「れんがの建物」が多数つくられ「市民の皆様に愛され、親しまれて」いることを述べている（呉レンガ建造物研究会一九九三、五頁）。この限りにおいて、赤煉瓦ネットワークにふさわしいシンポジウムであったが、呉市外から呼んだその他の顔ぶれをみると、必ずしも赤煉瓦に造詣が深いとは言えず、明らかに「大和」色が強い人選となっている。タイトル通り、「大和」を中心としたシンポジウムであった。

この事業には共催として呉市が名を連ねていた。呉市は本事業を戦後五〇周年事業の一環として位置づけている。注目されるのは、後年、このシンポジウムが呉市海事歴史科学館（愛称・大和ミュージアム。以下、建設構想段階も含め、大和ミュージアムという表記で統一する）の建設に大きな影響を与えた事業の一つととらえられた点である。

シンポジウムの計画変更

第五回赤煉瓦ネットワーク総会についての当初プランが示されたのは、平成七年（一九九五）五月二八日に開催された呉レンガ建造物研究会の総会であった。同会の歩みを示した資料に掲載された内容によれば、当初は、学園ものや大河ドラマで活躍していた脚本家に基調講演を依頼する予定であった。この人物は、海外での学校建設などのボランティア活動に積極的であり、むしろそのような学校建設と赤煉瓦といった内容を期待していたのかもしれない。いずれにしても「基調講演等も含め、市内に多数現存する煉瓦建築物の保存・活用やこれらの施設が産業技術面に果たした役割などをわかりやすく取り上げる予定」（呉レンガ建造物研究会一九九七、二頁）であった。

しかしながら、脚本家のスケジュールが合わず、計画がとん挫してしまうことになる。そのような折、朝日新聞社呉支局長であった渡辺圭司からの助言もあって、「大和」をテーマとするシンポジウムへと舵を切ったのだという。

こうした計画変更が呉市との共催へとつながっていくことになる。ちょうど戦後五〇周年事業として諸企画を実施していた呉市に対して、赤煉瓦と「大和」というテーマでシンポジウムをしたい旨を打診したところ、「市長さんが快くお引き受け下さいまして、呉市との共催が実現」(「大和」を語る会編二〇〇三、五頁)することになった。この時の市長は、後に大和ミュージアム建設に大きな役割を担った小笠原臣也である。小笠原市長の弁を借りれば、「呉レンガ建造物研究会の平林さんたちからこの全国の大会そして講演会、シンポジウムの計画をおうかがいしまして、本当にこれは戦後五十周年事業にふさわしい事業ではないかと思いまして、呉市としてもできるだけのご協力をしたいということで」(「大和」を語る会編二〇〇三、六頁)シンポジウム開催の運びとなった。

当初プランが提示された約二か月後の平成七年七月二〇日に発行された呉レンガ建造物研究会の会報には、講演会が「大和と呉」、シンポジウムが「大和のつくられた時代」として予定されている旨が掲載されており、講師・パネラーの多くがすでに確定している。この時点で、赤煉瓦ではなく「大和」を主軸とした講演会・シンポジウムという骨子が既定路線となっていた。

シンポジウムの反響

総会当日、講演・シンポジウムには実に八五〇名もの参加があった。企画は大成功を収めたといえる。実際、反響は大きく、参加者から次回の企画についての問い合わせが数多く寄せられた。その声に応えるために、新たに「大和」を語る会が結成され、「大和」を主題としたシンポジウムの継続開催が決まったほどである。

その一方で、赤煉瓦ネットワークや呉レンガ建造物研究会の側からは、この講演・シンポジウムの結果についてほとんど関心が示されていない。赤煉瓦ネットワークには『輪環』という会誌があり、第五回総会の参加報告記事も載せられている。ただ、そこにはシンポジウムのタイトルがあげられているのみで、その内容についてはまったく紹介されていない。また、呉レンガ建造物研究会では、総会終了後、設立趣意書や会則に書かれた活動目標に立ち返る形での組織運営が呼びかけられている。裏返せば、呉大会でのシンポジウムは、会の主旨には必ずしも沿うものではなかったということになろう。実際、講演やシンポジウムで、赤煉瓦について語られることはほとんどなかった。シンポジウムについても、赤煉瓦に言及されることはなく、「大和」が公の場で語られたことの意義が強調されて締めくくられている。

ただ、そうした主催側の複雑な思いは別として、共催者であった呉市にとっては、大きな意味を持つことになった。先にも述べたように、このシンポジウムの成功が大和ミュージアム建設の推進に一定の役割を果たしたからである。とりわけ、市民の声によってシンポジウムの継続開催が要望されたことは、呉の歴史を語る際のシンボルとして「大和」を位置づけていくための大きな後ろ盾となった。

「大和」を語る会によって引き継がれた「『大和』におもう」シンポジウムは、その後、平成一六年（二〇〇四）一一月の第九回まで継続された。この翌年四月には大和ミュージアムがオープンしているが、一〇年にわたるシンポジウムの開催が大和ミュージアム建設の土台を作っていったことは間違いない。小笠原市長は、このシンポジウムによって「戦艦「大和」を大和ミュージアムの大きなテーマにする意味が裏付けられたこと」、そして「偏見や先入観なしに率直に「大和」を受け止める機運が出て来たこと」が「大和ミュージアム建設への幅広い理解と協力につながった」と総括している（小笠原二〇〇七、一三五頁）。

博物館建設の前史

大和ミュージアムの前史についても、簡単に確認しておきたい。呉で博物館建設が構想され始めたのは、昭和五四年（一九七九）で、この年より呉市は「海」に関する博物館の市内への建設を広島県に要望し始めた。「『大和』におもう」シンポジウムの実に一五年も前のことである。ただし、計画があったものの、それが具体的に動き始めるのは昭和末期ごろからである。それでもシンポジウムよりはだいぶ前の話である。

当初は海洋にかかる自然系博物館、ないし船や海に関する博物館が検討されていた。しかし、同種の博物館は広島県内の他地域にすでに存在することもあり、平成二年（一九九〇）度から二か年にわたって呉独自の博物館について検討された結果、造船技術に着目した博物館という構想が策定された。そして、この構想に従って、関連資料が収集されるようになった。

この基本構想に基づく博物館建設計画および資料収集作業については、当時の市議会で何度も議題にのぼっている。そして、そうしたなかで当時の市長、佐々木有から呉独自の博物館としては海軍関連の資料、もしくは「大和」や「長門」といった呉で建造された艦船の資料についての収集が重要だという見解が提出されており、海軍や「大和」の色が徐々に見え始めることになる。たとえば、次の記録は平成五年九月市議会における佐々木市長の博物館建設に関する答弁の一部である。

日本の中で極めて貴重な資料が、海軍関係の資料が残っておる。それをぜひぜひ呉にいただきたいという運動をしておるのであります。その中には当然のことながら、「大和」だとか、「長門」だとか、そういう資料が非常に大きなウエートを占めておるのでございまして（後略）

（平成五年第四回九月定例会、中本邦雄議員に対する市長答弁）

こうした方向性は、同年一一月に市長となった小笠原臣也の下でも基本的には引き継がれていくことになった。そして、その過程で平成六年（一九九四）には、既存の赤煉瓦建造物を活用する、もしくは有機的に結びつけて博物

博物館と赤煉瓦

館群とするといった構想も登場する。そうした構想の原案を練ったのは、呉市から依頼された千田武志だった。

実際は、既存の建築物を利用することは困難であることが確認され、新たな建物建設へと向かうが、翌年度に策定された海事博物館設立構想においても、新たな博物館を核としつつ「レンガ建物等歴史的遺産が多く残るまち全体を展示室にする」（小笠原二〇〇七、一四三頁）構想が語られている。ちょうど、赤煉瓦ネットワークの総会が開催された年度である。この頃、確かに赤煉瓦は呉市にとって重要なキーワードとなっていた。

平成一〇年には、この海事博物館設立構想をふまえた基本計画が作られた。そのなかには赤煉瓦建造物の外装や様式を模した「れんが」調の外観で表現される外観イメージも提示されている（図49）。このモチーフに、旧呉鎮守府庁舎などの旧海軍施設があることは明らかだろう（図50）。たとえば、基本計画の策定途

図49　基本計画における外観イメージ
転載：小笠原臣也『戦艦「大和」の博物館』（芙蓉書房出版，2007）

図50　旧呉鎮守府庁舎（海上自衛隊呉地方総監部庁舎）
（平成21年9月22日撮影）

中の市議会における市長答弁には、「本当に呉らしい博物館を建設」（平成一〇年第一回三月定例会、重盛親聖議員に対する市長答弁）したいとあるが、赤煉瓦の外観は、呉らしさを象徴するものと位置づけられていた。

計画の転調

ただ、実際に建設された大和ミュージアムは、当初のイメージとは大きく異なり、来場者の正面入り口付近は全面ガラス張りとなっている（図51）。エントランス部分やガラス面以外の壁面は「れんが」調で整えられていることをとらえれば、基本計画を受け継いでいると評価できるが、外観については大きな見直しが図られたことになる。

基本計画は予算や収集資料との関係から大幅に見直されたため、外装もそのなかで変更が加えられたのだろう。平成一三年（二〇〇一）六月に発表された基本設計の段階で、

「れんが」を基調としたそれまでの外観ではなく、ガラス張りの現代建築に大きく変化している。

この点、基本設計が発表された後の市議会議事録をみると、十分な情報開示がないなかで大きな変更が突然表明されることに対してや、外装の全面変更などを含む予算確定の不透明さについてなど、多くの質疑がなされている。しかし、ガラス張りを利用した建物への変更についての明確な答弁はなく、その理由が公表されることはなかった。

図51　大和ミュージアム（呉市海事歴史科学館）外観
（平成22年９月15日撮影）

「れんが」イメージの共有

ここで確認したいのは、こうしたガラス張りへの変更そのものではない。それ以前においても、またそれ以後においても、大和ミュージアムを「れんが」調にすることについての意見がまったくみられない、という点である。

大和ミュージアムの建設については、予算規模の問題や博物館施設建設そのものへの疑義、そして旧海軍・海軍工廠に関連する資料を展示することに対する批判など、きわめて多くの意見が多方面からあがっていた。たとえば旧海軍・海軍工廠との関連で言えば、市議会のなかでも「回天《かいてん》」や「零戦《ぜろせん》」、「大和」模型などを展示する博物館は、海軍博物館であり、戦争に対する反省がないという強い批判が展開されている。また、当初プランにあった潜水艦の屋外展示（図49参照）は、正面に据えられることの問題や、同様に戦争を想起することに対する批判がなされている（なお、最終的に潜水艦の屋外展示は、大和ミュージアムの隣接地に建設された海上自衛隊呉史料館（てつのくじら館）で実現されることになった）。

このように、大和ミュージアムの展示品については、旧海軍や戦争との関連についての多様な意見が噴出していた。その一方で、同じく旧海軍を想起するに十分な「れんが」調の建物が当初想定されていたこと、もしくは最終段階においてもガラス張り以外の部分は「れんが」調に整えられていることについては、市議会議事録を通覧しても、また確認しうる新聞資料をみても、賛成であれ反対であれ、意見が表明されたり議論されたりした形跡がまったくみられない。

また、たとえば基本設計が提示される前後にあたる時期の平成一二年（二〇〇〇）三月一三日には、ピースリンク広島・呉・岩国、呉YWCA We Love 9条、県日中友好協会青年委員会、広高教組呉地区支部、広教組呉市区の五団体が呉市議会議長に予算削減の要請書と呉市長に白紙撤回の要請書を、平成一三年七月三日には、呉市生活と健康を守る会、日本年金者組合呉支部の二団体が計画中止を求める要請書を、それぞれ提出している。こうした大和ミュージアム建設に反対する立場の市民団体の撤回・見直し要請のなかにおいても、展示内容への疑問は付されるものの、展示施設に赤煉瓦のモチーフが利用されて設計された点を取り上げて、反対意見や批判が展開されることはなかった。

「れんが」の生み出す連続性

ここに旧海軍の遺産における赤煉瓦の独特な位置づけをみてとることができるだろう。大和ミュージアムの建設にあたってまさに噴出したように、「大和」をはじめとする艦船や兵器などについては、旧海軍や戦争と関連させつつ賛否問わずの意見が呉市のなかに渦巻いていた。その熱量とは対照的に、歴史的には明らかに旧海軍と結びつくにもかかわらず、赤煉瓦のモチーフを利用することについては、議論されることがほぼないまま市民のなかに浸透・共有されていたのである。

大和ミュージアムの議論のなかで、「れんが」が論点にはならないままで建設されるに至った背景の一つには、建設の時点ですでに呉市街に「れんが」調の素材やデザインを用いた都市計画が浸透していたことがある。旧海軍鎮守府の設置が契機となって都市が誕生し、発展してきた軍港都市にとって、赤煉瓦は都市の基盤的な素材、そして象徴的な素材であった。呉は戦後の都市整備なかで赤煉瓦がそうした位置にあることを自覚し、そして市街地部の整備に利用した。それは本物の赤煉瓦だけではなく、「れんが」調での整備も含んでいたが、そうした幅広さを設けたことで、結果として赤煉瓦の色調は、海岸部のみならず、市街地部分にも馴染んでいったのである。

呉レンガ建造物研究会は、平成五年（一九九三）の段階で『街のいろはレンガ色』と題した本を出版している。この本のテーマは近代期の赤煉瓦建造物であって、戦後の都市計画で作られた建造物は含まれていない。しかし、本章の前半にみたように、呉の市街地のさまざまな場面で「れんが」調が利用されており、まさに「街のいろはレンガ色」といってよい都市が作られていた。戦後の都市計画のなかでの「れんが」調の利用は、呉というまちの戦前と戦後を連続させる役割を果たしたと同時に、海岸部の旧海軍・工廠施設のイメージを内陸の市街地部にまで広げる役割を果たし、街全体を覆う基調色となっていった、ということになる。

さらに言えば、すでに指摘したように、大和ミュージアムに結実していく基本構想が作られたのはこの本の出版の翌年であった。「街のいろはレンガ色」であることが確認された直後にあって、呉らしい博物館が「れんが」調となるのは、言わずもがな、ということだったのかもしれない。

舞鶴の赤れんが

「赤」のイメージカラー

前節までに戦後の呉における赤煉瓦ないし「れんが」調のまちづくりを確認したが、本節では舞鶴の赤煉瓦に注目してみよう。

現在の舞鶴市は、赤煉瓦建造物の「赤」と海の「青」をイメージカラーとする観光戦略を打ち出している（筒井二〇一〇）。海軍鎮守府時代に建造された幾多の赤煉瓦建造物、そして東舞鶴、西舞鶴それぞれの市街地の眼前に広がる海。これらの要素は戦前にはすでにそろっており、近年、突如として舞鶴市民の前に現れたのではない。しかし、赤煉瓦建造物が舞鶴の特徴となることを舞鶴市民が「発見」し、実際に活用し始めるようになったのは、元号が平成に変わってからのことにすぎない。その活動が二〇年余りの間に成熟し、その結果として「赤」と「青」の観光戦略が構想されたのである。その過程の端緒には、赤煉瓦建造物を近代の文化遺産ないし近代化遺産として、まちづくりに活かそうという動きがあった。なお、現在の舞鶴では近代に作られた赤煉瓦建造物を活用する際、「赤れんが」と表現・表記されることがある。呉の事例では「れんが」調という表記を用いたが、舞鶴の赤煉瓦建造物については以下、赤れんがという表現で統一するようにしたい。

舞鶴の赤れんがの保存と活用を中心とした取り組みは、国土交通省の進める「景観まちづくり」の事例として取り上げられており（国土交通省ウェブサイト）、また「観光まちづくり」の実践例として語られるなど（馬場二〇〇九）、全国から注目を浴びる活動となっている。ただ、それが当初から「景観」や「観光」を意識したものであったかと言えば、そうではなかった。

気づかない赤れんが

そもそも、赤れんがを保存すべきだと最初に考えたのは、舞鶴市内の人間ではない。昭和五七年（一九八二）、日本建築学会が舞鶴市に対して「旧海軍の煉瓦造建築」の保存に対する要望書を届けており、この時点で専門家の「お墨付き」を得る形で近代建築物としての価値が評価されうる可能性があったのである。しかしながら、この要望書に対して、舞鶴市は何の反応も示さなかった。近代化遺産や近代の文化遺産といった言葉が社会に広がっていないなか、保存すべき価値があるのは江戸時代以前のものであり、新しく、また見慣れた赤れんがを「遺産」としてとらえるための素地はなかった。

たとえば、赤れんがの保存をめぐる動きのなかでも最初期から注目され、後に舞鶴市政記念館となる旧舞鶴海軍兵器廠予備艦兵器庫の場合、当時は舞鶴市役所の倉庫兼印刷室・運転手控室として利用されていた。当時を知る（元）市職員への聞き取りによれば、たとえば二階倉庫には「職員もあそこ行けって言われたら嫌だなあ」、「なんかね幽霊でそうや」といった印象を持つところであったという。市役所に隣接するものの、「蔦《つた》がからんどってね、どうにもならんようなもんやったんです。汚い汚いもんやし、別に歴史がわかってるわけでもないし、いつ建てられたかもわからんし、なんにもわからんのですよ。」といった状態であった。

また、市役所北側にあり、後に赤れんが博物館となる旧舞鶴海軍兵器廠魚形水雷庫も、やはり蔦が絡まり、ガラスも割れているような有様であったという。

その後、京都府と舞鶴市によって昭和五九年に実施された「観光拠点形成に関する調査」において赤れんがの活用が提言されたが、この時点においても具体的な活用案などが検討されるには至らなかった。

戦前、舞鶴市には数多くの海軍関連施設があった。それらの施設のなかには、戦後になって引揚者を受け入れる施設として転用されたものもあった。そうした施設は、引揚業務が終わると放置され、その後、工場が誘致されることになった。放置された期間、特に動きはなかったのだが、建物は取り壊され、風景が一変してしまった後、全国の引揚体験者から引き揚げを記念する場の創出が求められ、現在の引揚記念公園の整備が進んだ（上杉二〇一〇）。「当たり前」のように存在していた間は注目されず、失ってはじめてその重要性が叫ばれるようになったのである。しかも、それは舞鶴市民から発せられたのではなく、外部に住む者たちの声に端を発したものだった。ある場所から離れた者は、異なる場所の経験をもってその場所の景観を相対化してとらえ、結果として意味ある風景として認識しやすいのに対し、その場所から離れずに居住し続けている者にとって、その景観は内部化・身体化されており、景観の持つ意味を意識することは難しい。景観内に住まう者がその景観に眼を向けるには、何らかの「気づき」が必要である。

赤れんがもまた同じであった。ただ、赤れんがの場合、引揚関連施設とは違って、すべてが目の前から消失した後に気づいたのではなく、消失する前に気づくことができた。

赤れんがへの気づき

赤れんがに対する具体的な取り組みは、昭和六三年（一九八八）に発足した舞鶴市の市職員自主研究グループ「舞鶴まちづくり推進調査研究会」の「都市の個性化」分科会に属していた数名が、翌平成元年（一九八九）三月に横浜市の視察をおこない、横浜市の再開発事業「赤レンガパーク構想」を知ったことに始まる。横浜での取り組みを目の当たりにした者が抱いた「舞鶴に多く残っている赤煉瓦倉庫をまちづくりに活かせるのではないか」（馬場二〇〇九、一八三頁）という感想は、この時点では萌芽的なものでしかなかったが、たしかに一つの「気づき」の瞬間であった。ここから「幽霊」が出そうな「汚い」倉庫という位置づけが大きく変わりだす。

この年の一一月二九日には研究会のメンバーのなかから「赤レンガ建物群景観保存を考える会」というプロジェクトチームが発足した。そして、このチームが中心となって一二月には市役所に隣接して建っていた舞鶴市所有の赤煉瓦倉庫一棟——すなわち、市役所の倉庫として利用されていた「汚い」倉庫——のライトアップが実施された。当時を知る者への聞き取りによれば、研究会の活動を通じて赤れんがが市役所内で次第に話題に登るようになってきていた。そして、折しもリゾート法などの制定やいわゆるバブル経済のなか、各地でイルミネーションやライトアップ事業がなされており、そのような状況をみていた一人が「赤れんがをライトアップしてみたい」と思いついたことがきっかけであったという。

工事現場などで利用する投光機を使った手作りのライトアップでは、点灯式という演出もおこなった。市役所本庁舎の玄関前に特設のスイッチを設け、スイッチを押すとライトアップが始まる仕掛けであるが、投光機のスイッチは機械にしかついていない。携帯電話が普及していなかった当時、メンバーは小型無線機を持って点灯式会場と投光機そばにそれぞれ待機。会場での点灯パフォーマンスのタイミングに合わせて投光機側のメンバーに無線で合図を送り、合図を受けたメンバーは素早く機械のスイッチを手動でオンに。斯くも奇抜で洒落た演出は見事な成功をおさめた。

この点灯式を皮切りとするライトアップが、市民の赤れんがに対する意識にどれほどの影響を与えたのか。当時を振り返った記録には、市役所などへの問い合わせがほとんどなく、「残念なことだが、市民の反応はわからなかったというのが正直な話だ」（馬場他二〇〇〇、二九頁）と記されており、明確な形で結果が表れたというわけではなかった。

ただ、先の聞き取り調査のなかで、舞鶴市の行政や市民が旧海軍の遺産に着目し始めたのがいつごろかを尋ねた際、ある一人は「やっぱりこのライトアップじゃないか。正にれんがに光を当てたってのはライトアップじゃないかと（思う）」と語っている。この意見によるならば、赤れんがを保存、活用するための具体的な活動の端緒であったライトアップは、実際的にも、そして象徴的にも、暗闇から赤れんがを浮かび上がらせる役割を果たしたことになる。恭しい式典によって点灯し始めた投光機の灯りが照らし出したのは、それまでの「汚い」倉庫ではなく、歴史的な遺産としての「光」をまとった「赤れんが」であった、ということになるだろうか。

理解の深化

ライトアップをした研究会メンバーは「光」が誘った次のステップに進むべく、平成二年（一九九〇）三月に「まいづる建築探偵団」を結成し、活動を始める。すなわち、一つは市域内の赤れんが建物がどこにどれくらいあるのか、といった量的で地理的な関心、もう一つはそうした赤れんが建物がなぜあるのかといった質的で歴史的な関心に基づいた理解の深化である。その結果、舞鶴市内で多くの赤れんが建物が発見され、調査の結果、それらの多くが海軍や海軍工廠に関わる建物であることが判明していった。

とりわけ、市内の赤れんが探しが始まった年に、日本では数基しか残っていないホフマン式輪窯《りんよう》が発見され、全国から脚光を浴びたことで、赤れんがに対する市民全体の関心が一層喚起されることになった。

こうした市内での活動の一方で、探偵団は横浜の市民団体と一緒になって、赤煉瓦建造物に関する全国的なネットワークを組織していくことになる。それが前節でも紹介した赤煉瓦ネットワークであり、平成二年一一月には第一回のシンポジウムを舞鶴で開催することになった。平成二年といえば、舞鶴市内でもまだ十分に赤れんが建物についての認知が広まっていない段階である。だからこそ、このシンポジウムに全国一九都市から二〇〇名以上の参加があったことは、舞鶴にある種の衝撃を与えることになった。とりわけ、市の幹部には強いインパクトを与えた。開催にあたっての来賓あいさつの場で、舞鶴市長の町井正登は次のように述べている。

これまで赤煉瓦の建物は市の発展に邪魔な物と思ってきたが、この考えは間違っていた。こんなに多くの街からレンガを訪ねてやってきてくれるということは、これは貴重な財産なのかも知れないと、初めて知りました。今後は、赤煉瓦を街の活性化に役立てていきたい。

（馬場他二〇〇〇、四九頁）

このような「邪魔な物」から「貴重な財産」へという意味付けの大転換が、その後の舞鶴の街づくりや観光戦略に大きく響いていくことになる。ハード面での整備で言えば、赤れんがの主要な建物が文化財に指定され、保存活用が図られ始める。その嚆矢は、市役所北側に長年放置され、撤去予定となっていた旧舞鶴海軍兵器廠魚形水雷庫である。撤去前の記録保存調査の結果、現存最古級の鉄骨煉瓦造の構造を持つ建築で、歴史的・構造学的に貴重であることが判明したことで、撤去の方針は大きく転換され、平成三年に市の指定文化財（現在は国指定文化財）になり、平成五年には世界で唯一の「赤れんが博物館」として公開されることになった（図52）。

また、翌年の平成六年には、数年前に「光」が当てられた市役所倉庫が「舞鶴市政記念館」として整備公開され（図53）、平成一一年にはホフマン式輪窯が国の登録文化財にな り、整備されていった。ほんの一〇年足らずの間に、赤れんがの位置づけは大きく転換し たのである。

図52　赤れんが博物館（令和2年7月5日撮影）

図53　舞鶴市政記念館（令和3年4月7日撮影）

赤れんがの活動の中心にいた馬場らは、こうした赤れんがに対する理解の劇的な変化の背景には、舞鶴市民のなかに共有されていたシベリア抑留者を受け入れた街としての暗鬱な都市イメージが影響していたと考えていた。印象的な文章を抜き出しておこう。

きっと、市民は、「引揚げの街」という暗いイメージから脱却し、温かいイメージの「赤煉瓦の街」への変貌を待ち望んでいたのではないだろうか。

（馬場他、二〇〇〇、四九頁）

当初、市民の意識に根強く潜んでいた、暗い、灰色の街というマイナスイメージから、ほんの八年間の活動を通して、赤煉瓦の街のプラスイメージへの転換が少しずつすすんできている。

（馬場他、二〇〇〇、五八頁）

「引揚げの街」から「赤煉瓦の街」への転換。それは暗いイメージの「灰色」から温かいイメージの「赤」へという、きわめてシンボリックな転換でもあった。

温かいイメージ

しかし、ここでいう「温かいイメージ」とはいったい、何を指すのだろうか。赤れんがを街づくりに活かしていた横浜や小樽といった商業都市とは異なり、舞鶴は軍港都市である。果たして海軍や海軍工廠に利用された赤れんが建物は、温かさやプラスのイメージに直結しうるものなのだろうか。やはり、その答えは留保して考えざるを得ない。

ただ、実際問題として、この時に利用されたのは「温かさ」であった。これは、横浜や小樽で形成された赤れんがのイメージが全国的に広まっていた時期に、舞鶴もその流れに棹さし、保存活用がはじまった点を抜きには語れない。舞鶴の赤れんがも、都市の歴史的個性ではなく当時の一般的な赤れんがイメージ――温かみがあり、ロマンチックでノスタルジックな雰囲気を演出するもの――のなかで発見されたのである。軍港由来であるか商港由来であるかといった点は捨象され、赤煉瓦建造物そのものの共通性が取り出された。

たとえば、次の文章は、市役所倉庫に「光」を当てたプロジェクトチーム「赤レンガ建物群景観保存を考える会」が、発足時に作成した趣意書の一部である。

全国的には、機能性の問題から全国各地でレンガの建造物が取り壊されてきており、数少ないレンガ建造物の歴史的価値が見直され始めているとともに、レンガの持つ暖かみのある輝きとレンガの建物というロマンチックな雰囲気が注目され、各地でレンガ倉庫などの保存・活用の動きが巻き起こっている（横浜のレンガ倉庫のライトアップ、金沢の歴史博物館、姫路の美術館など、その他東京駅や大阪の中之島公会堂もレンガの建物）。（馬場他、二〇〇〇、二七頁）

つまり、一九九〇年前後に始まった赤れんがの発見と遺産化の動きには、当初、海軍や軍港都市といった点を意識する側面はほとんどなかった、ということになる。こうした点は、前節までに触れた県の都市整備の動きと対象的だったと言えるだろう。

念のために言えば、「まいづる建築探偵団」（その後「赤煉瓦倶楽部舞鶴」）は赤れんがの歴史的・建築的調査を目的として結成され、実際にきわめて詳細な調査をおこなった。そして文化財の登録や指定に際しても、舞鶴市によってその歴史的価値が詳細に検討されている。そのため、歴史をまったく無視した動きであったわけではない。ただ、そうした理解は、「発見」し「光」を当てた後に進んだものである。海軍や軍港都市への着目が赤れんがを導き出したのではなく、赤れんがの発見が都市の履歴を思い出させた、ということになる。

付加されるコンテンツ

さて、舞鶴における赤れんが建造物は、市内各地に一〇〇棟以上が確認されていったが、もっとも密集していたのは、はじめに「光」があてられた地区、市役所周辺の赤れんが倉庫群であった。この地区は赤れんがイメージの中心地となり、さまざまなイベントが企画されるようになっていった。

その最初の大きな取組みは、平成三年（一九九一）に始まった「赤れんがサマージャズフェスティバル」で、第一回目にはジャズピアニスト山下洋輔のトリオを迎えて開催された。その後も山下の影響もあってケニー・バレルやジャッキー・マクリーンといった世界的なミュージシャンたちが参加する日本を代表するジャズフェスティバルへと成長していった。

ジャズフェスティバルが構想されたきっかけは、赤れんがの保存に奔走していた数名がジャズ好きであったという小さな偶然にすぎない。赤れんがという近代化の象徴にジャズを結び付けて発想した可能性は認められるだろうし、アメリカ海軍を連想した可能性はある。ただ、舞鶴鎮守府それ自体や赤れんが建物群とジャズとを結びつける歴史的な出来事は一切ない。ジャズというコンテンツは舞鶴の歴史に内在していたものではなく、新たに付与されたものであった。その意味で、赤れんがという要素――舞台装置――が前面に押し出されたイベントであり、その仕掛けが成功した、ということになる。

もう一つ、この時期にソフトコンテンツとして生み出されたものとして、「赤れんがフェスタｉｎ舞鶴」と銘打たれたイベントがある。これは赤れんが倉庫群周辺を会場としたイベントで、初年度となった平成七年には「赤れんが」「アート」「グルメ」の三つをテーマとした企画が催された。このうち本書で注目すべきは「グルメ」のなかで舞鶴が発祥の地と宣伝された「肉じゃが」だろう。というのも、肉じゃがの発祥に海軍が関係するとされたからである。

肉じゃがが海軍料理に由来するというストーリーは、昭和六三年（一九八八）に放映されたテレビ番組の企画で、海軍の料理書のなかに類似の料理が記載されていることが「発見」され、肉じゃがのルーツが海軍にあると放送されたことがきっかけで生まれた。そして、海軍の料理書が舞鶴に保管されていることを活かした地域活性化を目指した舞鶴市民らが、平成七年に「肉じゃがの発祥地」として舞鶴を売り出し始め、同年の「赤れんがフェスタin舞鶴」のなかで「第一回肉じゃがまつり」を実施した（高森二〇〇六）。

このときに生み出したのが、海軍のなかでも特に著名な東郷平八郎《とうごうへいはちろう》を軸とした起源譚である。イギリス留学の経験を持つ東郷が舞鶴鎮守府長官の折に、ビーフシチューの味の再現を海軍の料理長に頼み、ビーフシチューを知らない料理長が生み出したのが肉じゃがだった、というものだった。

海軍の浸透

肉じゃがの動きは、思わぬ波及をみせることになる。二年後の平成九年（一九九七）になると、呉が東郷は舞鶴よりも前、呉鎮守府に勤務経験があることを理由に、呉こそが発祥地であるとして「海軍さんの肉じゃが」として売り出すようになったのである。この動きが舞鶴市民らの知るところとなり、発祥地をめぐる論争が生まれ、それがきっかけとなって両市の間にグルメ交流が始まることになった。

その後、横須賀と佐世保も加わり、軍港都市それぞれでカレーやハンバーガー、ビーフシチューなど、海軍にまつわる食文化が見いだされ、地域観光のコンテンツとして「海軍グルメ」が売り出されるようになっていった。平成一一年からは軍港都市で持ち回りの

「旧軍港四市グルメ交流会」も開催されるようになる。
「海軍グルメ」は、海軍を利用した地域活性化コンテンツの代表格であるといえるが、こうした始まりをつくった舞鶴では、当初、何とも言えない違和感があった、という点は押さえておくべきだろう。舞鶴で肉じゃがを売り出していった市民団体で当初から活動してきた女性（仮にAとする）へのインタビューでは、呉が「海軍さんの肉じゃが」として海軍を明記する宣伝には、当初、違和感を持ったことが述べられた。

A：肉じゃがの活動につきましてはね、私たちが一九九五年に肉じゃが発祥の地っていって、その二年後の一九九七年に呉がうちのほうが早いって言いだして、って言った時にね、向こうの肉じゃがのPRの言葉が、「海軍さんの肉じゃが」って入れたんですよ、向こうが……海軍って今時そんなとこに冠付けていいんかって私たち気持があったんです。
上杉：こちら〔舞鶴〕では「海軍さんの」とかそういうのはつけてなかった？
A：タブータブータブー。
上杉：「肉じゃが発祥の地」っていうだけ？
A：はい。やったんです。タブーだったんです。
（二〇一〇年一〇月二九日インタビューより）

当時、舞鶴側は「肉じゃが発祥の地」を推すことはあっても、「海軍」という単語を直接的に使うことに対するタブー視が暗黙的にあったという。この感想は、あくまでもAの個人的なものでしかないが、先に確認したように、舞鶴では、一九九〇年代に本格化した赤れんが建物の顕彰においても海軍といった要素を最前面に出した活動はしていなかった。むしろ赤れんがの普遍的なイメージを利用したもので、海軍は（消し去られるわけではないが）後方に控える形での宣伝だった。海軍を大々的に宣伝することに違和感を持つAの感覚は、舞鶴のなかである程度共有されるものだった。この点、「れんが」調を意識的に都市整備に利用し、ちょうど肉じゃが論争の頃には大和ミュージアム構想が動いていた呉とは、やはり海軍への心理的距離感が違っていた、ということになる。

ただ、その距離感は次第に埋まっていくことになる。横須賀が「海軍カレー」とやはり「海軍」を売り出しはじめるなどした結果、次第に「海軍グルメ」が認知されるようになり、舞鶴でも他都市との交流を通じて、海軍という言葉に対する敷居は下がっていくことになった。Aは観光ボランティアガイドもしていたが、インタビュー時点の「数年前」から「海軍ゆかりの施設を見てまわりたいっていう希望がだんだん増えてきた」とし、観光客側が舞鶴に海軍を求めていることも肌で感じていた。そうしたなかで、「海軍ゆかり」といった言葉も自然に使えるようになったという。

このように、一九九〇年代にはじまった舞鶴の赤れんがや肉じゃがを活かした取り組みは、当初、「海軍」との絶妙な距離感のなかで発信されていた。ただ、他都市の動向であったり、また赤れんがや肉じゃがを通じた舞鶴イメージの強力な発信の成功そのものであったりが、次第に海軍に対するハードルを下げていく役割を果たしていくことになる。それは、ある意味で軍港都市・舞鶴（東舞鶴）が自己の履歴を自覚し、そこと向き合う過程でもあった。

次節では、軍港都市を意識した舞鶴が、どのような観光地域づくりを実践してきたか、平成後半期とでもいうべき二〇〇〇年代の動きを確認していくことにしたい。

海軍ゆかりの街——軍港都市の現在

赤れんがの街づくり

舞鶴の赤れんがをめぐっては、二〇〇〇年代以降も利活用の展開が進んだ。平成一三年（二〇〇一）に策定された舞鶴市の第五次総合計画をみると、赤れんがの保全・活用が明記されており、行政施策においても赤れんがをいかに利活用していくかが重視されるようになった。

二〇〇〇年代の大きな動きの一つに、赤れんが博物館、舞鶴市政記念館につづく三つめの赤れんが活用事例として、平成一九年に「まいづる智恵蔵」が開館したことがある。この建物は、旧舞鶴海軍兵器廠弾丸庫並小銃庫で、民間倉庫会社が所有していたが平成一六年に市に無償譲渡されることになり、整備が進められた。

この建物は舞鶴市政記念館の西隣に位置しており、二棟を有機的に保存活用することが求められた。そこで、市は有識者と市民からなる「赤れんが倉庫保存活用研究会」を設置し、利活用の検討を求めた。その研究会から「舞鶴の智恵を活かす蔵」としての活用が答申され、それに基づく整備がなされた結果、文化遺産の展示やギャラリースペースを設けた施設として開館することになった。運営には指定管理者制度が導入され、指定管理者にはまいづる建築探偵団から発展して活動してきた「赤煉瓦倶楽部舞鶴」がついた。赤煉瓦倶楽部舞鶴は、それ以前、平成一七年に舞鶴市政記念館の指定管理者にもなっている。

このほか、平成一五年には赤れんが博物館に「赤れんが博物館友の会」が設置され、またまいづる智恵蔵でも平成二〇年に「まいづる智恵蔵サポーター」がつくられるなど、より多くの市民が赤れんがと関わりを持つことが可能な仕組みが整えられていった。

こうした利活用の拡大に関連するが、二〇〇〇年代の大きな動きとして、もう一つあげるべきは、「点」から「面」への拡大である。一九九〇年代は、個別の建物についての保存と活用ばかりが取り上げられ、建物相互の関連性をもたせた活用や、赤れんが倉庫群を含めた景観全体を見据えた展望については、市民のなかでも市役所のなかでも深くとらえられてこなかった。言わば個別的で「点」的な視角からのアプローチであった。こうした状況に対し、市の総合計画に位置づけられたこともあり、二〇〇〇年代に入ると、赤れんがの建物が集中する市役所周辺（北吸《きたすい》地区）を総合的にとらえたうえでの保存と活用の議論が数多く生まれるようになった。

たとえば、平成一四年に作られた舞鶴市の二つの計画、舞鶴市観光基本計画と舞鶴市中心市街地活性化基本計画のなかでは、「赤れんが倉庫群の転活用」や「赤れんが建造物トレイル」の創出を含む「赤れんがアーバンウォーターフロント」であったり、「赤れんが」の活用を含む「港湾回遊ゾーン」であったりと、それぞれ港湾部を「面」的にとらえた計画がなされ、その中心に赤れんがが位置づけられている。また翌平成一五年には、市の設置した近代化遺産等活用研究会が「プロムナードや水辺空間の利用など景観を生かした文化ゾーンの整備」を含む「赤れんが活用まちづくり構想」を提案している。

そして、平成一九年度、舞鶴市は赤れんが倉庫群一帯を総合的に整備する「赤れんがパーク」構想を進めるため、「舞鶴赤れんが倉庫群保存・活用検討委員会」を発足、さらにそこで提言された「舞鶴赤れんがアートスクール構想」を具体化するための「赤れんがアートスクール活用・デザイン検討委員会」を、翌平成二〇年度に設置した。この委員会が平成二一年三月に出した報告書『赤れんが倉庫群の活用とデザインに関する提言』では、参考資料として北吸地区の整備プランの具体的な平面図も提示されるに至っている。

こうした動きをもとにしつつ北吸地区の整備が進められた結果、平成二四年には観光拠点施設として「赤れんがパーク」がオープンすることになった（図54）。

「赤」と「青」

平成二〇年度（二〇〇八）、舞鶴市では「赤れんが」と「海・港」を核とした新たな観光ブランド戦略が公表された。それに関わって、平成二一年一月に制作された新たな観光ポスターでは、「Historical Red：一〇〇年前の鼓動」と「Romantic Blue：世紀をこえた感動」というキャッチフレーズのもと、「赤」と「青」の二つの色で赤れんがと海・港のイメージが印象的に表現されることになった。

その翌年に作られた第二弾のポスターでは、二色のイメージカラーを同時に使ったポスターのほか、それぞれのイメージ色だけのポスターも制作された。赤のみのバージョンをみると、「赤の美観」と題され「Nostalgia」という言葉で赤れんが倉庫群が大きく示されている（図55）。その背後には海も表現されるが、夕日に染まった赤い海である。そして、その海には海上自衛隊の艦船がシルエットで登場している。

図54　舞鶴赤れんがパーク（平成24年7月22日撮影）

図55　舞鶴観光ポスター（2010）
転載：まいづる観光ネットより

Historical Red というコンセプトのなかに登場する以上、この船影には日本海軍の軍艦の面影が少なからず投影されることになる。赤れんがの色がノスタルジーと結びつく点は一九九〇年代と変わりないが、そのノスタルジーのなかに海軍（自衛隊）がより視覚的に表現された点が大きく異なっている。一般的イメージとしてのノスタルジーを重ねていた一九九〇年代と異なり、二〇〇〇年代になると軍港都市としての歴史を意識した上でのノスタルジーである。観光戦略の中では、海軍や海上自衛隊が観光資源として明記されており、その方針に沿ったイメージ戦略でもあった（筒井二〇一〇）。

「海軍」という文言を利用した舞鶴観光の端緒は、平成二〇年に始まった遊覧船観光事業である（図56）。「海軍」という言葉を利用して肉じゃがを売り出した呉に比べると、約一〇年遅れての利用となる。その一〇年間に、舞鶴のなかで「海軍」に対する距離感が大きく縮まったということなのだろう。

遊覧船のキャッチコピーは「海軍ゆかりの港めぐり遊覧船」で、船の運航は（有）舞鶴港遊覧船がしているが、事業自体は舞鶴観光協会が大きく関わっている。発着場は赤れんが博物館横の桟橋からで、旧鎮守府、旧海軍工廠が位置していた内湾に船を進め、海軍工廠の跡地に建つ造船所や、海上自衛隊が利用している北吸《きたすい》桟橋《さんばし》とそこに並ぶ自衛艦を間近に見るルートを周遊する。そして、海上自衛隊OBらによって組織されるボランティアガイド（舞鶴水交会）のメンバーが乗船し、造船所や護衛艦などの説明を与えてくれるのである。遊覧船事業が始まっていく時期は、赤れんが倉庫群が「舞鶴鎮守府倉庫施設」という名称で国指定重要文化財に指定され、その保存と活用に対する動きが大きく進展していった時期にも重なる。

図56　「海軍ゆかりの港めぐり遊覧船」発着場
（令和２年７月５日撮影）

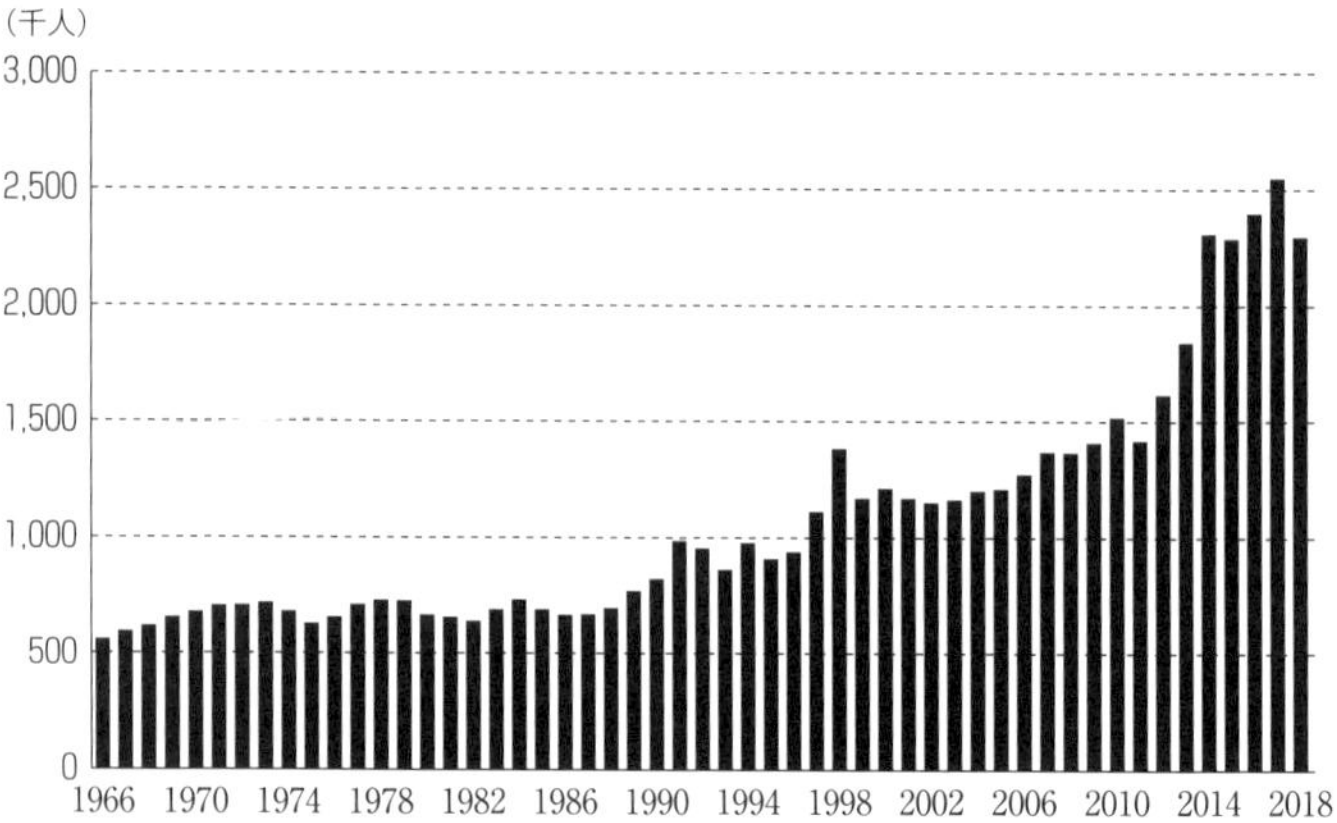

図57　舞鶴市を訪れた人数の変化（1966-2018）
舞鶴市統計書および舞鶴観光協会『40年の歩み』（1991）より作成.

こうした動きを舞鶴市の観光客数の推移からみておこう。舞鶴市の統計データとして残されている昭和四一年（一九六六）から平成三〇年（二〇一八）までの舞鶴に訪れた人数変化を具体的に示すと図57のようになる。

舞鶴観光の画期

戦後、舞鶴は「引き揚げの町」として全国に知られた存在であり、引揚援護期間中は引揚者が大勢、祖国の地への帰還の第一歩として舞鶴に降り立ち、またそれを出迎える大勢の家族たちも舞鶴を訪れた。援護期間が終わった後も、引揚者たちは自分史を振り返るなかで舞鶴への再訪をおこなっており、そうした者たちが観光客として一定数、存在したことは特筆しておかねばならない。

ただ、図57からもわかるように、舞鶴の観光客数が明らかに増加を示すのは一九九〇年代以降である。戦後五〇年を過ぎたあたりから、高齢化のために引揚者らの舞鶴再訪の動きは減少していき、二〇〇五年には引揚者たちの全国的な組織も解散した。それにもかかわらず、観光客数は大きな伸びを示しており、明らかに引揚観光ではない観光行動が舞鶴に定着し始めたことを示している。

こうした増加の要因を舞鶴側の動向と合わせて考えると、たとえば平成四年（一九九二）には、田辺《たなべ》城跡の城門が復元整備され、田辺城資料館が開館したことは、一定の役割を果たしたと考えられる。そして、本書で確認してきたように、ちょうど同じころには赤れんがが地域資源として新たに「発見」されており、また、その後は海軍グルメの元祖とでもいうべき肉じゃがが創出されるなど、軍港都市ならではの地域資源をとらえた地域づくりが明確になってきた点もあげられる。

さらに平成二〇年代になって始まった「赤」と「青」の観光ブランド戦略が、さらなる観光客の誘引につながったのは明らかである。実数で確認すると、観光ブランド戦略が始まる前年にあたる平成一九年（二〇〇七）の観光客数は一三六万人であったのに対し、一〇年後の平成二九年（二〇一七）には二五五万人となっている。この間には、先述のように「赤れんがパーク」もオープンし、「赤」と「青」の観光拠点となる施設も誕生している（図54）。平成二六年には「海の日」に合わせておこなわれる全国規模の祭典「海フェスタ」が舞鶴市を含めた京都府北部地域で開催されたが、「赤れんがパーク」はその中心地と位置づけられ、多様なイベントが開催された。こうした「赤」と「青」を基調にする観光ブランド戦略のなかで、舞鶴の観光地としての認知度は増大し、海軍ゆかりの街として広く知られるようになっていったのである。

鎮守府の街

平成二八年（二〇一六）、軍港都市には新たな「遺産」的価値が加わった。「地域の歴史的魅力や特色を通じて我が国の文化・伝統を語るストーリー」を文化庁が認定する「日本遺産」の一つとして、軍港都市四市の近代化に関わる施設や資料、景観を構成要素とする「鎮守府　横須賀・呉・佐世保・舞鶴——日本近代化の躍動を体感できるまち」が認定されたのである。文化庁が整備した日本遺産ポータルサイトにて説明される「鎮守府　横須賀・呉・佐世保・舞鶴」のストーリーの概要は、次のようなものである。

明治期の日本は、近代国家として西欧列強に渡り合うための海防力を備えることが急務であった。このため、国家プロジェクトにより天然の良港を四つ選び軍港を築いた。静かな農漁村に人と先端技術を集積し、海軍諸機関と共に水道、鉄道などのインフラが急速に整備され、日本の近代化を推し進めた四つの軍港都市が誕生した。百年を超えた今もなお現役で稼働する施設も多く、躍動した往時の姿を残す旧軍港四市は、どこか懐かしくも逞しく、今も訪れる人々を惹きつけてやまない。

（日本遺産ポータルサイトでの説明文より）

ここには、軍港都市の誕生が対外的な海防力を備える国家プロジェクトに関わっていたことが明確に指摘され、農漁村が急激に都市化したことが述べられる。そのような近代化の名残が軍港都市には数多く残されており、「どこか懐かしくも逞しく」、人びとを惹きつけるのだという。「懐かしさ」には、赤れんがのノスタルジックなイメージが投影されている可能性があるだろう。その一方で「逞しさ」の源泉は、鎮守府や海軍工廠の施設の大きさやそこでの労働、そして何より海軍そのものからもたらされるものである。

ただ、注意しないといけないのは、このストーリーの焦点は軍港都市の誕生にあるのであって、誕生した軍港都市やそこを母港とする旧海軍のその後については何も触れていない点である。戦争中に海軍がどのような場所に赴き、どのような戦闘をおこなったのか、また軍港都市がどのくらい空襲を受けたのか、といった点は完全にマスキングされている。「どこか懐かしくも逞しく」感じる「躍動した往時の姿」とは、戦闘をする海軍、もしくはその母港としての舞鶴軍港ではなく、あくまでも近代化の過程で生まれた都市の姿である。

日本遺産は観光産業への展開が強く意識されている制度である。そのなかで、このような近代都市の創出を焦点化するストーリー構築の戦略がとられていることは、いくつかの意味を持つ。一つは、日本において近代戦争そのものを正面からストーリーに取り上げることは困難をともなう、という点である。たとえば、江戸時代以前の国内戦争の舞台が「古戦場」として観光地化している場所は数多い。また、江戸時代以前の兵士の駐屯地だった「城下町」や中枢たる「城」は、各地の観光の中心地となっている。その最たる例は、世界遺産にも登録されている姫路《ひめじ》城だろう。

一方で、同じく世界遺産に登録されている広島は、原爆による被災都市として平和を求める多くの観光客を集めているが、そうしたイメージ構築の背後で陸軍の中心施設のある都市（軍都）であったことは抹消されてきた。こうした「戦争」イメージの抹消という点については、「鎮守府　横須賀・呉・佐世保・舞鶴」の日本遺産ストーリーも引き継いでいることになる。

もう一つは、そうした広島や長崎と比較するならば、海軍を明確に自覚したストーリーを立てていること、そしてその構成要素として、鎮守府の建物や砲台跡、ドック、海軍資料などをあげていることなど、軍隊との向き合い方が以前とは大きく異なっている点である。「海軍ゆかりの都市」であることに背を向けるのではなく、向き合うなかで地域の個性を見出しているのが、現在の軍港都市だといえるだろう。広島や長崎の特別法と軍港都市の特別法（軍転法）との違いを確認した際、戦前との関係を断絶させるか連続させるかという違いがあることを指摘したが、ここにも同じような違いを見出すことができる。戦争そのものを観光資源にすることはないが、都市の誕生に大きく関わった海軍については歴史コンテンツとして資源化する。そういったスタンスが現在の軍港都市の基本となっている。

軍港都市の観光客

現在、軍港都市にはどれくらいの人が訪れているのだろうか。表25は、平成三〇年（二〇一八）における軍港都市四市の観光客数を示したものだが、横須賀市が八五七万人と他の都市と比べるとかなり多くなっている。もっとも、横須賀市は東京大都市圏に位置していることを考慮する必要があるだろう。圏域人口が他都市に比べて多く、観光客を集める地の利のよさは圧倒的である。

その意味では佐世保市の五五五万人が際立っているようにみえるが、佐世保市には大規模なテーマパークがあり、その施設への来館者数がカウントされている。また九十九島などの自然美も多くの観光客を集めている。その他の都市でも、呉には平清盛が開いたとされる音戸瀬戸や江戸時代に風待ち・潮待ちの港で栄えた御手洗《みたらい》、また舞鶴には近世城下町のシンボル田辺城跡や西国三十三所の一つ松尾寺《まつのおでら》など、いろいろな観光地があって、軍港都市を訪れる観光客が必ずしも「軍港都市」を目当てに来るわけではない。

このように観光の理由や背景は多様であって、観光客数を比較するだけでは、実は何もわからない。ただ、横須賀・呉・佐世保・舞鶴が、他所から人を誘引する資源として「軍港都市」であること自体を利用してきたことは事実であり、現在もなお、そうした側面がある。古くは横須賀に退役艦船である三笠が記念艦として設置されたことなどを想起するとわかりやすいだろう。横須賀市の統計資料によれば、記念艦三笠には平成三〇年にも二三万人が訪れており、今なお横須賀の代表的な観光地の一つとなっている。また、四市ではそれぞれ船で湾内を周遊する軍港ツアーが実施されており、横須賀では二五万人が参加している。

表25　軍港都市各市の観光客数と人口
（平成30年〔2018〕）

	観光客：a（千人）	人口：b（千人）	a/b
横須賀	8,571	393	21.81
呉	2,473	217	11.40
佐世保	5,559	246	22.60
舞鶴	2,298	79	29.09

各市発行の統計書より作成.

表25には各都市の人口規模と観光客数との関係を示すために、観光客数を人口で除した数値も示している。すると、都市の人口規模に対してもっとも多くの観光客を集めているのは舞鶴であることがわかる。また、近年の観光客数の変化を把握するために、図58に平成一七年（二〇〇五）の数値を一〇〇として、それ以降の変化を示した。すると、近年の観光客数の伸び率がもっとも高いのは、やはり舞鶴である。本節でとらえてきた動きは、

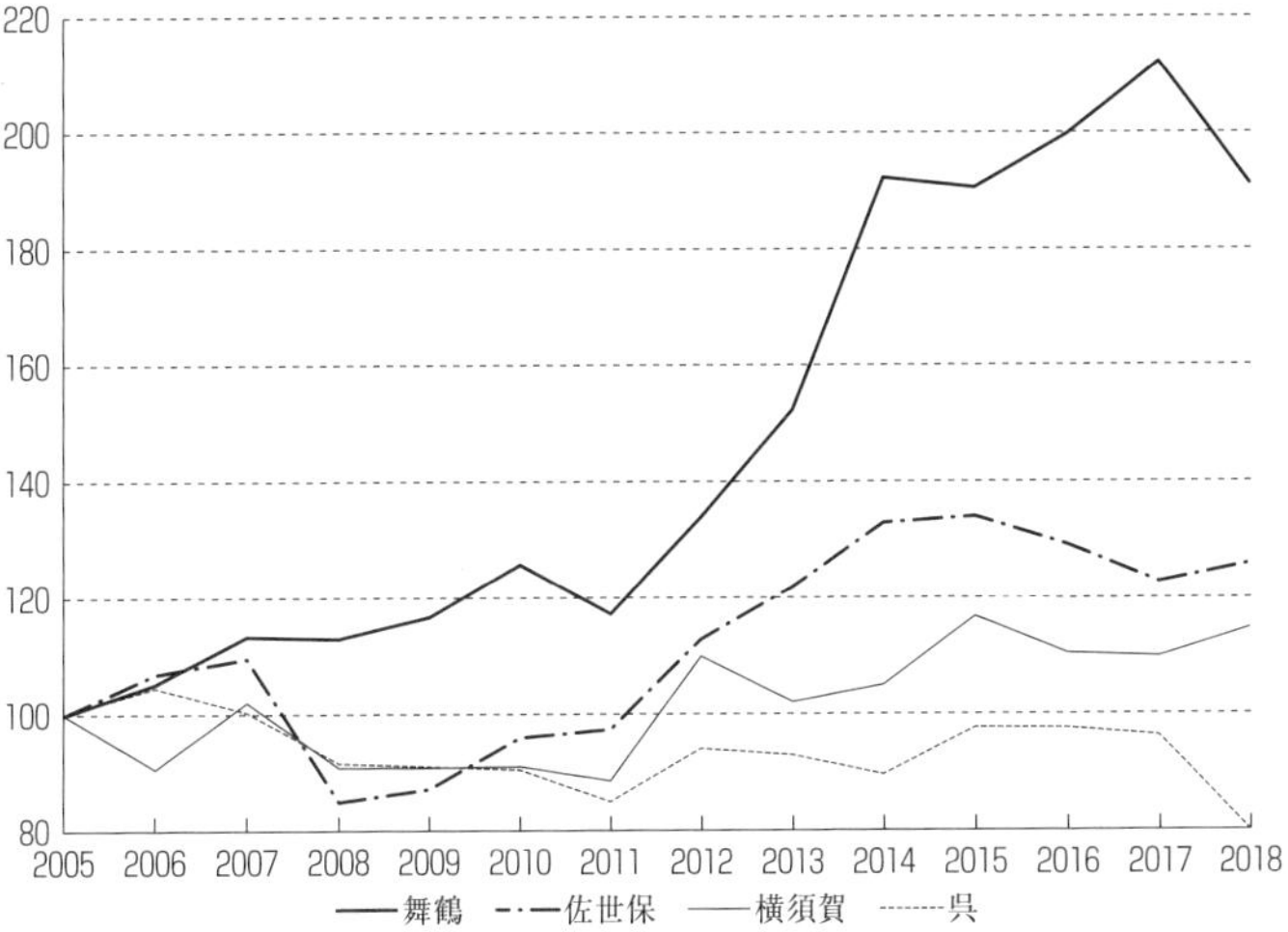

図58　軍港都市各市の2005年以降の観光客数の変化
2005年を100とする．各市発行の統計書より作成．

軍港都市のなかでも際立った特徴として位置づけることができるということになるだろう。

コンテンツツーリズム—「艦隊これくしょん」—

最後に、ゲームやアニメと連動した舞鶴観光の動きを紹介しよう。そのコンテンツのベースになるのは、海軍の軍艦を「萌えキャラ」として擬人化し、戦闘を通じて女性キャラクター（艦娘《かんむす》）を育てていくブラウザゲーム「艦隊これくしょん」（艦これ）である。平成二五年（二〇一三）にサービスが開始されたが、「艦これ」はさらに、マンガ、アニメ、映画へと展開し、ゲームプレイヤー以外への認知も広がっている。ブラウザゲームのサーバーには日本海軍の鎮守府や基地の名前がついており、ゲームをすると軍艦名のみならず、海軍ゆかりの地名についても自然と覚えることになる。また、展開したマンガなどでも横須賀、呉、佐世保、舞鶴という実際の鎮守府名が用いられており、ヴァーチャルな世界が現実の地域と結びつけられていることが特徴である。

このような特徴をもつ「艦これ」を楽しむゲームプレイヤーやマンガ・アニメファンのなかに、軍港都市を訪れる動きが生まれている。これはコンテンツツーリズムの典型である「聖地巡礼」としてとらえることができるだろう（岡本二〇一九）。実際、平成二九年八月に発表された「訪れてみたい日本のアニメ聖地八八（二〇一八年版）」に、横須賀、呉、佐世保、舞鶴（そして大湊）が「艦これ」の聖地として選ばれている。その後、二〇二一年版に至るまで「艦これ」に関連する五都市は常に選ばれており、聖地としての注目は一過性のものではない。旧軍港都市はいずれも海上自衛隊の地方総監部が配されており、今もなお海上自衛隊保有の艦船が係留されている。そのような本物の艦船を眺めることができる点も、聖地の魅力を高めているのだろう。いずれにしても、旧海軍の擬人化された艦船、その母港としての鎮守府への関心が、現在の都市へ結びついているのである。

こうしたコンテンツツーリズムの動きに対して、たとえば舞鶴では地域住民有志が「艦これ」同人誌のコミックマーケットを誘致することで、「艦これ」のファン層を積極的に舞鶴に呼び込み、舞鶴のＰＲに結びつけようとしている。平成二六年以来、イベント開催を続け、平成二九年七月時は約八〇〇〇人が来場するなど盛況を博している。平成三〇年三月時はＪＲ西日本が臨時列車を運行するほどであった。

この動きの注目すべき点は、コミックマーケットの会場が単なるイベント会場ではなく、旧海軍施設を中核とする赤れんがパークとなっている点である。しかも、そこでは地域の産物——そこには海軍ゆかりの「肉じゃが」コロッケがあり、舞鶴漁連の海鮮物（舞鶴「海戦」と名付けて売り出す）が並ぶ——が販売されている。ゲーム・アニメのコンテンツである艦娘に扮した参加者が、歴史コンテンツである赤れんが倉庫群を歩き、食コンテンツである産物を堪能する。ストーリーとしての「海軍」を共有しつつも異なるコンテンツが結びつくことで、新たな舞鶴ツーリズムのかたちが生み出され、そして消費されているのである。

このような「艦これ」の動きが、一九九〇年代からのジャズフェスティバルと決定的に違うのが、海軍の持ち出し方である。ジャズフェスティバルの開催は赤れんが倉庫群を背景にジャズを聴きたいという発想であり、そこに海軍とジャズを結びつけようという意図はなかった。当時は赤れんが倉庫群の歴史的価値も十分に理解されておらず、海軍と赤れんが倉庫群が強く結びついてさえいなかったのである。それに対し、「艦これ」は舞鶴鎮守府や実名の軍艦が大きく取り上げられている。そして、コミックマーケットが開催されるのは、（ロマンチックでノスタルジックな赤れんが倉庫ではなく）海軍が建設した遺産としての赤れんが倉庫である。一九九〇年代以降、海軍の残したさまざまな遺産を恐る恐る使ってきた舞鶴は、今や積極的に「海軍」を売り出している。そうした典型が「艦これ」観光だと言えるだろう。

軍港都市らしさのゆくえ――エピローグ

軍港都市らしさ

横須賀《よこすか》に製鉄所ができたのは慶応元年（一八六五）、製鉄所が造船所となったのは明治四年（一八七一）、造船所が海軍帰属となったのは翌明治五年、そして横須賀鎮守府《ちんじゅふ》開庁は明治一七年であった。このように軍港都市の胎動は約一五〇年前に遡る。本書はこの一五〇年のあいだの軍港都市の歩みを取り上げたわけだが、冒頭に示したように、どのような都市が形成されたのか、どのような人びとが集まったのか、そしてどのような都市として表現されたのか、という三つの視点にたって、その時々の軍港都市を眺めることを心掛けた。かいつまんで、その内容を振り返っておこう。

軍港都市は、海軍および海軍工廠《こうしょう》の設置にともなって新たに作られた都市である。既存の都市の内部もしくは周辺に駐屯地を設けていった陸軍とは、都市とのかかわりが大きく違っている。新たに都市が建設されるにあたり、たとえば横須賀の場合は海岸部に広い平坦地がないため、海岸部を埋め立てたり、背後の丘陵部を開発したりして都市域を急激に拡大させていった。海岸部の埋め立てについては、その他の軍港都市でもおこなわれた。漁村だったり農村だったりした地域は、軍人、賃金労働者、そして商売人たちによって占められる都市へと変貌していった。その変化の流れは急激で、呉は都市の成立からたった三〇年で、全国第一〇位の人口規模を誇るまでになっていた。

軍港都市の海岸部には軍港が置かれ、また造船所を核とする工廠が置かれた。こうした施設と市街地との間には門があり、市民の日常生活からは隔絶した場所として位置づけられた。海岸部と市街地は、都市景観としては連続していたかもしれないが、自由な往来は制限されており、空間的な断絶が存在した。こうした断絶性は軍港都市の大きな特徴といっていい。

そして、断絶しているがゆえに普段は入れない海岸部は、訪れてみたい観光資源となっていく。海軍施設域は申請をすることで入場が許可されており、案内付きで観覧することもできた。新興都市たる軍港都市にとっても、都市成立の基盤であり、かつ全国にわずか四つしかない鎮守府・工廠は、活かすべき観光資源であったことになる。また、工廠での新造船の進水式や、軍港都市での博覧会の開催に際しては、海軍も積極的に協力し、一般市民に海軍の威容を宣伝していた。

軍港都市の特徴には、海軍兵と職工労働者という軍港都市を特徴づける職業に由来する、男性人口の多さもある。それがゆえに、軍港都市ではカフェーや料理屋、そして遊廓《ゆうかく》といった空間もまた賑わいをみせる。本書では軍港都市に暮らす遊廓の娼妓《しょうぎ》の声にも耳を傾け、海軍兵を相手にしたしたたかさといった点も確認したが、その声は所詮、男性による代弁でしかなく、身体的にも表現的にも二重に拘束されていた点を忘れてはいけない。

連続する都市

昭和二〇年（一九四五）、軍港都市は試練の年だった。戦争末期となり、全国各地が空襲被害を受けたが、軍港都市も例にもれず、特に呉《くれ》や佐世《させ》保《ぼ》は市街地にも大きな損害を受けた。戦争終了後は、いかに復興していくか、といった点が重要な課題となっていく。本書では、呉を事例にその歩みの一端をみたが、戦前の中心市街地はいち早く復興し、賑わいを取り戻していく。ただ、そこを訪れるのは海軍兵ではなく、連合国軍の兵士（呉の場合は英連邦軍兵）であった。

試練だったのは空襲による物理的被害だけではない。というのも、戦争終結にともない、海軍や海軍工廠が解体されたからである。海軍と工廠があってこその軍港都市であったのだが、都市を成立、維持させる基盤を失う事態となった。そうしたなか、現在に至るまで都市の命脈が保たれた一因は、危機感に迫られた軍港都市が海軍に依存した都市ではなく

「平和産業港湾都市」への転換をはかったことにあった。平和産業を基盤とした港湾都市という姿は、海軍からの決別を意味する一方で、（艦船ではなく商船の）造船業といった大規模工業は維持するというものである。戦前と戦後の都市像を、一部は断絶させつつも一部は連続させていく。そういった戦略を絶妙に示すフレーズが「平和産業港湾都市」であり、この単語が明文化された旧軍港市転換法という法律名にみえる「転換」であった。

ただ、この絶妙な戦略とは裏腹に、軍港都市はもう少し露骨に（もしくはもっと巧妙に）戦前との連続性を強く残しつつ、戦後史を進めていく。その背景に海上自衛隊の創設があったことは言うまでもない。海上自衛隊は戦前の海軍鎮守府（および要港部《ようこうぶ》）の施設を継承する形で活動を開始し、現在に至る。海軍と海上自衛隊の関係もまた、断絶しているが連続しているのであり、結局のところ、軍港都市の戦前・戦後の都市史もまた、断絶するが連続するものとして描くことができる。

そうした連続性は、戦後の都市計画のなかにも現れていく。港湾部に残されていた鎮守府や工廠の施設の赤煉瓦建造物やそのモチーフが都市整備のなかに利用されていく。たとえば呉の場合は、戦前の市街地に赤煉瓦建造物は必ずしも多くなかったが、戦後の市街地には赤煉瓦といった素材、もしくはその色調や雰囲気を合わせた素材を利用する施設や街路が増えていく。また佐世保では、解体された戦前の赤煉瓦建物に利用されていた赤煉瓦を用いたサイン施設が市街地に建てられる活動がなされている。

こうしたなかで「海軍」とのつながりを意識して、商品に付加価値をつけて売り出す動きもみえた。肉じゃがやカレー、ハンバーガーなどに代表される「海軍グルメ」は、そうした動きをけん引していくものであったと言えるだろう。

軍港都市らしさのゆくえ

最後に、赤煉瓦倶楽部舞鶴の令和元年（二〇一九）五月一日付けで発行された令和最初の会報（一〇七号）にみえる、平成という時代を振り返る文章をみてみよう。

「平成」は、我々にとって、「舞鶴市まちづくり推進調査研究会」、「まいづる建築探偵団」、「赤煉瓦倶楽部・舞鶴」、「ＮＰＯ法人 赤煉瓦倶楽部舞鶴」と活動団体名は変わっても営々と続けてきた「舞鶴の赤煉瓦を活かしたまちづくり活動」の時代であったと言っても過言ではない。

（ＮＰＯ法人赤煉瓦倶楽部舞鶴会報一〇七号、編集後記より）

当事者たちの語るように、舞鶴において赤れんがは平成のまちづくりのシンボルとなったといってよい。平成元年（一九八九）に「発見」された後、舞鶴のまちづくりや観光に大きな影響を与えることになり、連動する形で海軍に関わる多様な要素、もしくはそこから派生して生まれた新たな文化が地域資源としてとらえられていくことになった。

こうしてみると、舞鶴にとっての平成という時代は、「軍港都市」というポジションを改めて再確認し、それを自家薬籠のものとしていった時代と言えるかもしれない。この間、まさに「軍港都市」舞鶴の歴史に関する専論集が編まれたことも添えておこう（坂根編二〇一〇）。

ただ、平成という時代の三〇年余のなかで、海軍や軍港都市といった側面が早い時期からストレートに受け入れられていたわけではなかった。一九九〇年代と二〇〇〇年代を経た二〇一〇年代以降とでは、海軍との距離感が随分と違う。海軍に関連する赤れんがを発見したり、海軍エピソードをまとった肉じゃがを生み出したりしたものの、「海軍」という言葉を使うことはなく、ロマンティックやノスタルジックといった一般的なイメージであったり、発祥地であることのみを宣伝したりしていた一九九〇年代と、「鎮守府　横須賀・呉・佐世保・舞鶴」という名称で日本遺産の認定をうけ、「艦これ」イベントが開催されている現在との違いないし温度差は、「時代が変わった」という気持ちにさせるに十分である。

もちろん、こうした流れは、他の軍港都市でも大きく変わるものではない。早い時期から「れんが」調の都市整備がなされていた呉のように、軍港都市それぞれで海軍やその関連要素への距離感は異なっていたが、少なくとも平成に入って始まった赤煉瓦シンポジウムや「海軍グルメ」の創出、また日本遺産の認定などを通じて、その差はなくなっていった。もしかすると舞鶴は差を縮める動きが大きかったかもしれないが、大なり小なりこうした動きは他の軍港都市にもあった。いずれにしても、都市の成立に海軍が深く関わる軍港都市にとって、海軍と向き合うことが地域の個性を見出すことにつながる。現在はどの軍港都市においてもそうした自覚をもった観光戦略が採られている。

それにしても、軍港都市の「令和」はどのような方向に進んでいくのであろうか。赤れんがの発見がその後の観光戦略に影響を与えていたことをふまえれば、現在現れている新しい動きは、今後の方向性を示している可能性もある。その意味で、鎮守府の日本遺産認定や、コンテンツツーリズムといった平成の終盤にみえた動向は、何かを暗示しているかもしれない。ただ、そこは未知数であって、先のことは誰にもわからない。また、赤煉瓦倶楽部舞鶴は令和三年（二〇二一）三月三一日に特定非営利活動法人を解散し、任意団体に戻った。こうした変化も時の流れに位置づけられるかもしれないが、その評価は時期尚早にすぎる。

そうしたなかで一つ言えるとすれば、「軍港都市は軍港都市である」ということである。海軍に由来して生まれた都市は、海軍と断絶して生きることは難しいという現実を直視せねばならない。重要なのは、軍港都市が自画像を描くにあたって、海軍をどのように評価するかということだろう。一九九〇年代の舞鶴のように「海軍」に対する思考停止は軍港都市にとってはやはり不健全であり、一方で、現在のコンテンツツーリズムの動きのような「海軍」の表層的な消費にもまた不安が残る。軍港都市の歴史、そして現在に目をそらさないことこそが、令和そして未来の軍港都市を考える際に求められる姿勢ではないだろうか。

あとがき

歴史地理学を専門にしている私が軍港都市と出会ったのは、大学院生の頃であった。たまたま舞鶴工業高等専門学校で地理の非常勤講師を引き受けることになったのである。同校におられた三川譲二先生と、私の大学院の恩師の一人、石川義孝先生が知己の間柄だったことから舞い込んだ話だったのだが、何人もいた大学院生のなかでなぜ私に声がかかったのか、その理由はまったく覚えていない。教職の免許を取っていたことが幸いしたのだろうが、ともかく数年間、舞鶴に一泊二日で授業に行っていた。

その時は、研究活動ではなく教育活動のために舞鶴に通っていたわけだが、そこに研究というエッセンスが加わったのは、三川先生と広島大学（当時）の坂根嘉弘先生が主催していた舞鶴に関する研究会に参加させていただいたことに端を発する。舞鶴高専で非常勤をしていた経験があるから、といった程度での気楽な声がけだったように思うが、そこで初めて舞鶴を研究対象地として意識し、研究を始めた。その研究会での成果は、後に坂根先生が編者となった『軍港都市史研究Ⅰ　舞鶴編』（清文堂出版、二〇一〇）に載せていただくことができた。そして、この本ができた頃には坂根先生の主導のもと、他の軍港都市の研究者にも声がけがなされ、軍港都市全体を見渡す大きな「軍港都市史」プロジェクトへと成長していた。

そのプロジェクトのなかで「景観編」なる一編が含まれることになり、大学院時代からもっとも信頼する山神達也さんをはじめ、何名かの地理学者を誘って研究会を実施した。多様な視点で都市を見渡すことの楽しさを教えていただいた研究会メンバーの皆さんには本当に感謝しかない。そして、景観編という変化球（魔球？）の軍港都市史をまとめることを後押ししてくれた坂根先生の度量の深さにあらためて感謝申し上げたい。

この間、京都大学総合博物館、そして京都府立大学へと勤務場所を変えたのだが、異動先が京都の公立大学だったこともあり、舞鶴との関係はより濃密になることになった。舞鶴は軍港都市という側面だけなく、田辺城下町としての西舞鶴をはじめとして市域全体に大変魅力的な歴史地理にあふれている。歴史学科文化遺産学コースの同僚や学生たちとは、これまで何度も舞鶴に訪れ、そのたびに違う舞鶴を発見してきた。現在では舞鶴市の文化財審議員の任も引き受けさせていただいている。まさかこれほどまでに関わるようになるとは、大学院時代の私は思いもしなかっただろう。縁とは不思議なものである。

このように、私にとってもっともなじみのある軍港都市が舞鶴であることは間違いない。ただ、他の軍港都市にも「軍港都市史」プロジェクト以来、何度も訪れた。とりわけ、呉については、福間良明さんを中心とする研究プロジェクトに参加させていただいた折に広島と呉を比較する機会を得た。戦争体験の断絶と継承がテーマとなったこのプロジェクトでは多様な分野からの上質な意見に接することができ、いつもワクワクしながら研究会に参加していたことを思い出す。ここで得られた経験は、本書の後半に示した戦後から戦前を見通す際の糧となっている。

さらにアンドリュー・エリオットとダニエル・ミルンのお二人が国際日本文化研究所の英文誌 *Japan Review* のために組んだ特集 War, Tourism and Modern Japan についても参加する機会を得て、戦前戦後を通じた軍港都市の観光を論じることができた。英語圏の議論や関心に触れることができ、そのなかで軍港都市を改めて考えることができた経験は、とても大きな財産となっている。

本書のきっかけを作っていただいた吉川弘文館の斎藤信子さんとの出会いもまた、軍港都市だった。同社が「地域のなかの軍隊」シリーズ（全九巻）を作るにあたり、斎藤さんがその編集担当となっておられた。そして、中国・四国地方の編者が坂根先生であり、私に呉で執筆する機会を与えていただいたことで、斎藤さんと出会うことができた。

こういったいくつかの優れたプロジェクトに参加できた幸運もあって、これまで軍港都市について以下のような論考を執筆することができた。


「「引揚のまち」の記憶」（坂根嘉弘編『軍港都市史研究Ⅰ 舞鶴編』清文堂出版）、二〇一〇。

「軍港都市と近代の文化遺産―舞鶴の「赤れんが」―」、京都府立大学学術報告（人文）六三、一―一六頁、二〇一一。

「連続と断絶の都市像―もう一つの「平和」都市・呉―」（福間良明・山口誠・吉村和真編『複数の「ヒロシマ」―記憶の戦後史とメディアの力学』青弓社）、二〇一二。

「斜めから見た景観―初三郎の見た舞鶴―」（上杉和央編『軍港都市史研究Ⅱ 景観編』清文堂出版）、二〇一二。

「軍港都市〈呉〉から平和産業港湾都市〈呉〉へ」（坂根嘉弘編『地域のなかの軍隊5 中国・四国 西の軍隊と軍港都市』吉川弘文館）、二〇一四。

「軍港都市」（舞鶴市『舞鶴の絵地図』舞鶴市）、三六―四〇頁、二〇一七。

「Selling the Naval Ports: Modern-Day Maizuru and Tourism」, *Japan Review* 33, 219–246, 2019

これらの成果にも依拠しつつ、一書に書き下ろしたのが本書ということになる。本書では流れを意識したため、詳細な点は省いたところがある。関心のある方はこれらもご覧になっていただければ幸いである。また、各論考の執筆時にはここに書ききれないほどたくさんの方々にお世話になった。各論考に記させていただいていることもあり、ここでは名前を挙げることは避け、お礼を申し上げるにとどめさせていただきたい。

新型コロナウイルスの猛威は、フィールド調査を断念させるなど、地理学者に大きな影響を与えている。本書でも、もう一度現地で確認したいと思っていたうちの一部が果たせないまま残ってしまった。ただ、そうした部分はあるにせよ、思わず机の前に座る時間が増えたこの機会を逃す手はないと、手元にある範囲でまとめることにした（実を言えば、佐世保の章も考えていたが、フィールドに十分通えず、断念した）。とはいえ、コロナは言い訳にすぎない。物足りなさがあるとすれば、それはすべて私の能力不足にある。

いくつかの仕事が重なっていたことを言い訳に、締切の約束を随分と先延ばしにしてしまった。辛抱強く待っていただいた斎藤さんに心よりのお詫びとお礼を申し上げたい。また、畏友、浜井和史さんが吉川弘文館から重厚な書籍を刊行したことが最後の発奮材料となった。いつもながら知的刺激を与えてくれる友に感謝したい。本書の編集担当の若山嘉秀さんは、浜井さんの本の担当でもあったという。偶然とはいえ望外の喜びであった。私の拙い文章に対して丁寧なご意見をいただけたことで、どうにかまとめることができた。

改めてお礼申し上げたい。

最後となったが、妻と二人の子どもたちに最大級の感謝を表したい。三人の笑顔は、私にとって何よりの宝物である。

二〇二一年夏至の北山にて

上杉和央

主な参考文献

※直接引用したものなどに厳選している。詳細な文献については、本書のもとになった各論考（あとがきに記載）を参考にしていただきたい。

飯田四郎編（一九八三）『占領軍が写した 終戦直後の佐世保』芸文堂
池田幸重（一九〇七）『呉案内記』田嶋商店
井上三郎（一八八八）『横須賀繁昌記』井上三郎
今村洋一（二〇〇八）「横須賀・呉・佐世保・舞鶴における旧軍用地の転用について」（『都市計画論文集』四三—三）、一九三—一九八頁
上杉和央（二〇一〇）「「引揚のまち」の記憶」（坂根嘉弘編『軍港都市史研究Ⅰ　舞鶴編』清文堂出版）
上杉和央編（二〇一二）『軍港都市史研究Ⅱ　景観編』清文堂出版
上杉和央・加藤政洋編（二〇一九）『地図で楽しむ京都の近代』風媒社
岡本　健（二〇一九）『コンテンツツーリズム研究〔増補改訂版〕アニメ・マンガ・ゲームと観光・文化・社会』福村出版
小笠原臣也（二〇〇七）『戦艦「大和」の博物館―大和ミュージアム誕生の全記録―』芙蓉書房出版
加藤政洋（二〇一二）「軍港都市の遊興空間」（上杉和央編『軍港都市史研究Ⅱ　景観編』清文堂出版）

加藤晴美（二〇二一）『遊廓と地域社会―貸座敷・娼妓・遊客の視点から―』清文堂出版
金田章裕・上杉和央（二〇一二）『日本地図史』吉川弘文館
呉市編（一九三六）『呉市主催国防と産業大博覧会誌』呉市
呉市史編さん室編（一九九七）『呉・戦争と復興―旧軍港市転換法から平和産業港湾都市へ―』呉市役所
呉市総務部市史文書課編（二〇〇六）『呉の歩みⅡ―英連邦軍の見た呉―』呉市役所
呉市史編纂委員会編（一九七六）『呉市史　第四巻』呉市役所
呉市史編纂委員会編（一九八七）『呉市史　第五巻』呉市役所
呉市史編纂委員会編（一九八八）『呉市史　第六巻』呉市役所
呉市史編纂委員会編（一九九三）『呉市史　第七巻』呉市役所
呉市史編纂委員会編（一九九五）『呉市史　第八巻』呉市役所
呉市役所（一九三五）『国防と産業大博覧会記念　呉市名所図絵』日本名所図絵社
呉中通商店街振興組合（一九七八）『KURE NAKADORI　れんがどおり』呉中通商店街振興組合
呉レンガ建造物研究会編（一九九三）『街のいろはレンガ色―呉レンガ考―』中国新聞社
呉レンガ建造物研究会（一九九七）『呉レンガ研のあゆみ』呉レンガ建造物研究会
国勢院編（一九一六）『日本帝国人口静態統計　大正二年』国勢院第一部
海軍大臣官房（一九三九）『海軍制度沿革　巻三』海軍大臣官房
坂根嘉弘編（二〇一〇）『軍港都市史研究Ⅰ　舞鶴編』清文堂

佐久間逸郎編（一八八六）『横須賀浦賀花のしるべ』小川堂
佐世保市史編さん委員会編（二〇〇三）『佐世保市史　通史編下巻』佐世保市
白崎五郎七・白崎敬之助編（一八九二）『日本全国商工人名録』日本全国商工人名録発行所
尋常高等浦賀小学校職員懇和会編（一九一五）『浦賀案内記』信濃屋書店
椙山寿雄編（一八九二）『花柳細見　三浦洒芳妓』金鱗堂
多岡圭祐（二〇一六）「軍港開設と舞鶴の寺社の動向について」（東昇編『舞鶴地域の文化遺産と活用（京都府立大学文化遺産叢書第一一集）』京都府立大学）、二一八―二五三頁
高柴貞雄編（一九一一）『新舞鶴案内記』新舞鶴案内記編纂会
高森直史（二〇〇六）『海軍肉じゃが物語　ルーツ発掘者が語る海軍食文化史』光人社
土屋喬雄・玉城肇訳（一九四八）『ペルリ提督日本遠征記（二）』岩波書店
筒井一伸（二〇一〇）「「海軍」・「海上自衛隊」と舞鶴の地域ブランド戦略」（坂根嘉弘編『軍港都市史研究Ⅰ　舞鶴編』清文堂）、三九〇―三九四頁
中郡末吉（一九三三）『新版　呉軍港案内』呉郷土史研究会（一九九九　復刻再版）
橋爪紳也（二〇一四）『瀬戸内海モダニズム周遊』藝術新聞社
馬場英男他編（二〇〇〇）『赤煉瓦ネットワーク【舞鶴・横浜】物語』公職研
馬場英男（二〇〇九）「赤煉瓦倉庫の多様な再生活用で街のイメージを一新～舞鶴～」（西村幸夫編『観光まちづくり――まち自慢からはじまる地域マネジメント』学芸出版社）、一八一―一九〇頁
広島県（一九八三）『広島県史　現代』広島県

桧和田宏・岩田良夫（一九八七）「都市景観形成モデル事業と都市の活性化についての一考察」（『第七回日本道路会議論文集』）、三五九―三六一頁
福良虎雄（一八九七）『三浦の名所』文華堂
堀田典裕（二〇〇九）『吉田初三郎の鳥瞰図を読む―描かれた近代日本の風景―』河出書房新社
細川竹雄（一九四九）『「軍転法」の生れる迄』旧軍港市転換連絡事務局
舞鶴観光協会（一九九一）『四〇年の歩み』舞鶴観光協会
舞鶴市（二〇一七）『舞鶴の絵地図』舞鶴市
舞鶴市史編さん委員会編（一九七五）『舞鶴市史　各説編』舞鶴市役所
舞鶴市史編さん委員会編（一九七八）『舞鶴市史　通史編（中）』舞鶴市役所
舞鶴市史編さん委員会編（一九八二）『舞鶴市史　通史編（下）』舞鶴市役所
舞鶴市史編さん委員会編（一九九四）『舞鶴市史　年表編』舞鶴市役所
舞鶴引揚記念館（一九九四）『引揚手記　私の引き揚げ（下巻）』舞鶴引揚記念館
毎日新聞社呉支局編（一九六五）『ドッグは生きている』毎日新聞社呉支局
宮崎最勝編（一九二三）『新舞鶴案内』新舞鶴町役場
村中亮夫（二〇一二）「地形図と区中写真からみる呉の景観変遷」（上杉和央編『軍港都市史研究Ⅱ　景観編』清文堂出版）
「大和」を語る会編（二〇〇三）『「大和」におもう―シンポジウム全記録集』「大和」を語る会
山本靖雄（一九八八）「呉市蔵本通り造園設計」（『造園雑誌』五二―一）、一五―二〇頁

山本理佳（二〇一二）「戦後佐世保市における「米軍」の景観―佐世保川周辺の変容―」（上杉和央編『景観都市史研究Ⅱ　景観編』清文堂出版）

山本理佳（二〇一三）『「近代化遺産」にみる国家と地域の関係性』古今書院

山本理佳（二〇二〇）「旧軍港市転換法の運用実態に関する一考察」（『立命館文学』六六六）、一三三八―一三二四頁。

横須賀海軍工廠編（一九一五）『横須賀海軍船廠史』横須賀海軍工廠

横須賀海軍工廠会編（一九九一）『横須賀海軍工廠外史（改訂版）』横須賀海軍工廠会

横須賀市編（一九一五）『横須賀案内記』横須賀市

横須賀市編（一九二五）『横須賀案内記』横須賀市

横須賀市編（二〇〇六）『新横須賀市史　資料編　近現代Ⅰ』横須賀市

横須賀市編（二〇一一）『新横須賀市史　資料編　近現代Ⅲ』横須賀市

横須賀市編（二〇一四）『新横須賀市史　通史編　近現代』横須賀市

横浜市編（一九三二）『横浜市史稿　政治編三』横浜市

吉田初三郎（一九二八）「如何にして初三郎式鳥瞰図は生れたか？」（『旅と名所』（『観光』改題）二二）、六―一五頁

Kenneth J. Ruoff.（２０１０）*Imperial Japan at its Zenith: The Wartime Celebration of the Empire's 2600th Anniversary*. Cornell University Press.

国土交通省ウェブサイト内「景観まちづくり教育」（https://www.mlit.go.jp/crd/townscape/gakushu/

index.htm)、（二〇二〇年一二月二二日最終閲覧）
日本遺産ポータルサイト内「鎮守府　横須賀・呉・佐世保・舞鶴」（https://japan-heritage.bunka.go.jp/ja/stories/story035/)、（二〇二〇年一二月二二日最終閲覧）

著者紹介

一九七五年、香川県に生まれる
二〇〇四年、京都大学大学院文学研究科博士後期課程指導認定退学
現在、京都府立大学文学部准教授、博士（文学）

〔主要著書〕
『軍港都市史研究Ⅱ　景観編』（編著、清文堂出版、二〇一二年）
『日本地図史』（共著、吉川弘文館、二〇一二年）
『地図で楽しむ京都の近代』（共編著、風媒社、二〇一九年）
『歴史は景観から読み解ける―はじめての歴史地理学―』（ベレ出版、二〇二〇年）

歴史文化ライブラリー
534

軍港都市の一五〇年
横須賀・呉・佐世保・舞鶴

二〇二一年（令和三）十月一日　第一刷発行

著者　上《うえ》杉《すぎ》和《かず》央《ひろ》
発行者　吉川道郎
発行所　株式会社　吉川弘文館
東京都文京区本郷七丁目二番八号
郵便番号一一三―〇〇三三
電話〇三―三八一三―九一五一〈代表〉
振替口座〇〇一〇〇―五―二四四
http://www.yoshikawa-k.co.jp/
印刷＝株式会社　平文社
製本＝ナショナル製本協同組合
装幀＝清水良洋・宮崎萌美

ISBN978-4-642-05934-3

歴史文化ライブラリー

1996. 10

刊行のことば

現今の日本および国際社会は、さまざまな面で大変動の時代を迎えておりますが、近づきつつある二十一世紀は人類史の到達点として、物質的な繁栄のみならず文化や自然・社会環境を謳歌できる平和な社会でなければなりません。しかしながら高度成長・技術革新にともなう急激な変貌は「自己本位な刹那主義」の風潮を生みだし、先人が築いてきた歴史や文化に学ぶ余裕もなく、いまだ明るい人類の将来が展望できていないようにも見えます。このような状況を踏まえ、よりよい二十一世紀社会を築くために、人類誕生から現在に至る「人類の遺産・教訓」としてのあらゆる分野の歴史と文化を「歴史文化ライブラリー」として刊行することといたしました。

小社は、安政四年（一八五七）の創業以来、一貫して歴史学を中心とした専門出版社として書籍を刊行しつづけてまいりました。その経験を生かし、学問成果にもとづいた本叢書を刊行し社会的要請に応えて行きたいと考えております。

現代は、マスメディアが発達した高度情報化社会といわれますが、私どもはあくまでも活字を主体とした出版こそ、ものの本質を考える基礎と信じ、本叢書をとおして社会に訴えてまいりたいと思います。これから生まれでる一冊一冊が、それぞれの読者を知的冒険の旅へと誘い、希望に満ちた人類の未来を構築する糧となれば幸いです。

吉川弘文館

歴史文化ライブラリー

近・現代史

江戸無血開城 本当の功労者は誰か？——岩下哲典
五稜郭の戦い 蝦夷地の終焉——菊池勇夫
水戸学と明治維新——吉田俊純
大久保利通と明治維新——佐々木 克
刀の明治維新 「帯刀」は武士の特権か？——尾脇秀和
維新政府の密偵たち 御庭番と警察のあいだ——大日方純夫
京都に残った公家たち 華族の近代——刑部芳則
文明開化 失われた風俗——百瀬 響
西南戦争 戦争の大義と動員される民衆——猪飼隆明
大久保利通と東アジア 国家構想と外交戦略——勝田政治
明治の政治家と信仰 クリスチャン民権家の肖像——小川原正道
文明開化と差別——今西 一
大元帥と皇族軍人 明治編——小田部雄次
皇居の近現代史 開かれた皇室像の誕生——河西秀哉
日本赤十字社と皇室 博愛か報国か——小菅信子
神都物語 伊勢神宮の近現代史——ジョン・ブリーン
陸軍参謀 川上操六 日清戦争の作戦指導者——大澤博明
日清・日露戦争と写真報道 戦場を駆ける写真師たち——井上祐子
公園の誕生——小野良平
鉄道忌避伝説の謎 汽車が来た町、来なかった町——青木栄一
軍隊を誘致せよ 陸海軍と都市形成——松下孝昭
軍港都市の一五〇年 横須賀・呉・佐世保・舞鶴——上杉和央
〈軍港都市〉横須賀 軍隊と共生する街——高村聰史
お米と食の近代史——大豆生田 稔
日本酒の近現代史 酒造地の誕生——鈴木芳行
失業と救済の近代史——加瀬和俊
近代日本の就職難物語 「高等遊民」になるけれど——町田祐一
海外観光旅行の誕生——有山輝雄
難民たちの日中戦争 戦火に奪われた日常——芳井研一
昭和天皇とスポーツ 〈玉体〉の近代史——坂上康博
大元帥と皇族軍人 大正・昭和編——小田部雄次
昭和陸軍と政治 「統帥権」というジレンマ——高杉洋平
海軍将校たちの太平洋戦争——手嶋泰伸
松岡洋右と日米開戦 大衆政治家の功と罪——服部 聡
稲の大東亜共栄圏 帝国日本の〈緑の革命〉——藤原辰史
地図から消えた島々 幻の日本領と南洋探検家たち——長谷川亮一
自由主義は戦争を止められるのか 芦田均・清沢洌・石橋湛山——上田美和

歴史文化ライブラリー

民俗学・人類学

世界史

歴史文化ライブラリー

渤海国とは何か——古畑 徹
古代の琉球弧と東アジア——山里純一
アジアのなかの琉球王国——高良倉吉
琉球国の滅亡とハワイ移民——鳥越皓之
イングランド王国前史 アングロサクソン七王国物語——桜井俊彰
フランスの中世社会 王と貴族たちの軌跡——渡辺節夫
ヒトラーのニュルンベルク 第三帝国の光と闇——芝 健介
人権の思想史——浜林正夫

考古学

タネをまく縄文人 最新科学が覆す農耕の起源——小畑弘己
老人と子供の考古学——山田康弘
顔の考古学 異形の精神史——設楽博己
〈新〉弥生時代 五〇〇年早かった水田稲作——藤尾慎一郎
文明に抗した弥生の人びと——寺前直人
樹木と暮らす古代人 木製品が語る弥生・古墳時代——樋上 昇
アクセサリーの考古学 倭と古代朝鮮の交渉史——高田貫太
古 墳——土生田純之
東国から読み解く古墳時代——若狭 徹
埋葬からみた古墳時代 女性・親族・王権——清家 章
神と死者の考古学 古代のまつりと信仰——笹生 衛
土木技術の古代史——青木 敬
国分寺の誕生 古代日本の国家プロジェクト——須田 勉
東大寺の考古学 よみがえる天平の大伽藍——鶴見泰寿
海底に眠る蒙古襲来 水中考古学の挑戦——池田榮史
銭の考古学——鈴木公雄
ものがたる近世琉球 喫煙・園芸・豚飼育の考古学——石井龍太

古代史

邪馬台国の滅亡 大和王権の征服戦争——若井敏明
日本語の誕生 古代の文字と表記——沖森卓也
日本国号の歴史——小林敏男
日本神話を語ろう イザナキ・イザナミの物語——中村修也
六国史以前 日本書紀への道のり——関根 淳
東アジアの日本書紀 歴史書の誕生——遠藤慶太
〈聖徳太子〉の誕生——大山誠一
倭国と渡来人 交錯する「内」と「外」——田中史生
大和の豪族と渡来人 葛城・蘇我氏と大伴・物部氏——加藤謙吉
白村江の真実 新羅王・金春秋の策略——中村修也
よみがえる古代山城 国際戦争と防衛ライン——向井一雄

歴史文化ライブラリー

平氏が語る源平争乱——永井　晋
熊谷直実　中世武士の生き方——高橋　修
中世武士　畠山重忠　秩父平氏の嫡流——清水　亮
頼朝と街道　鎌倉政権の東国支配——木村茂光
大道　鎌倉時代の幹線道路——岡　陽一郎
仏都鎌倉の一五〇年——今井雅晴
鎌倉北条氏の興亡——奥富敬之
三浦一族の中世——高橋秀樹
伊達一族の中世「独眼龍」以前——伊藤喜良
弓矢と刀剣　中世合戦の実像——近藤好和
その後の東国武士団　源平合戦以後——関　幸彦
荒ぶるスサノヲ、七変化〈中世神話〉の世界——斎藤英喜
曽我物語の史実と虚構——坂井孝一
鎌倉浄土教の先駆者　法然——中井真孝
親　鸞——平松令三
親鸞と歎異抄——今井雅晴
畜生・餓鬼・地獄の中世仏教史　因果応報と悪道——生駒哲郎
神や仏に出会う時　中世びとの信仰と絆——大喜直彦
神仏と中世人　宗教をめぐるホンネとタテマエ——衣川　仁
神風の武士像　蒙古合戦の真実——関　幸彦
鎌倉幕府の滅亡——細川重男
足利尊氏と直義　京の夢、鎌倉の夢——峰岸純夫
高　師直　室町新秩序の創造者——亀田俊和
新田一族の中世「武家の棟梁」への道——田中大喜
皇位継承の中世史　血統をめぐる政治と内乱——佐伯智広
地獄を二度も見た天皇　光厳院——飯倉晴武
南朝の真実　忠臣という幻想——亀田俊和
中世の巨大地震——矢田俊文
大飢饉、室町社会を襲う！——清水克行
中世の富と権力　寄進する人びと——湯浅治久
中世は核家族だったのか　民衆の暮らしと生き方——西谷正浩
出雲の中世　地域と国家のはざま——佐伯徳哉
中世武士の城——齋藤慎一
戦国の城の一生　つくる・壊す・蘇る——竹井英文
徳川家康と武田氏　信玄・勝頼との十四年戦争——本多隆成
戦国大名毛利家の英才教育　元就・隆元・輝元と妻たち——五條小枝子
戦国大名の兵粮事情——久保健一郎
戦乱の中の情報伝達　使者がつなぐ中世京都と在地——酒井紀美